普通高等院校公共基础课程系列教材

积分变换

汪宏远　孙立伟　主编

清華大學出版社
北京

内容简介

本书介绍傅里叶变换和拉普拉斯变换这两类积分变换的基本概念、性质及应用.每章章末都配有精选的习题和测试题,方便读者检验学习效果.书中性质等相关证明过程详细,注重数学思想、方法和技巧的运用,有利于培养灵活多样、举一反三的科学素养.书末附有常用函数的积分变换简表,可供学习时查用.

本书可供高等学校理工科相关专业作为教材使用,也可作为任课教师的教学参考书,还可供有关工程技术人员参考使用.

图书在版编目(CIP)数据

积分变换/汪宏远,孙立伟主编.—北京:清华大学出版社,2017(2023.8重印)
(普通高等院校公共基础课程系列教材)
ISBN 978-7-302-48089-1

Ⅰ.①积… Ⅱ.①汪… ②孙… Ⅲ.①积分变换-高等学校-教材 Ⅳ.①O177.6

中国版本图书馆CIP数据核字(2017)第201866号

责任编辑:吴梦佳
封面设计:傅瑞学
责任校对:袁 芳
责任印制:曹婉颖

出版发行:清华大学出版社
网 址:http://www.tup.com.cn, http://www.wqbook.com
地 址:北京清华大学学研大厦A座 邮 编:100084
社 总 机:010-83470000 邮 购:010-62786544
投稿与读者服务:010-62776969, c-service@tup.tsinghua.edu.cn
质量反馈:010-62772015, zhiliang@tup.tsinghua.edu.cn
课件下载:http://www.tup.com.cn,010-83470410
印 装 者:小森印刷霸州有限公司
经 销:全国新华书店
开 本:185mm×260mm 印 张:6.5 字 数:148千字
版 次:2017年9月第1版 印 次:2023年8月第7次印刷
定 价:32.00元

产品编号:076658-02

前言

积分变换是高等学校理工科的一门重要的专业基础理论课程，它不仅是学习后续专业课程和在各学科领域中进行科学研究及实践的必要基础，而且在培养符合现代社会发展的高素质应用型人才方面起着重要作用．为适应教学及课程改革发展的新形势，编者按照高等学校理工类积分变换课程的教学基本要求，精心策划，组织在教学一线多年的教师编写此书．

在编写过程中，编者参考了国内外众多同类优秀教材和书籍，借鉴和吸收相关成果．尽可能用直观、形象的方法来讲解数学概念，并结合工程技术上的实例来理解数学概念的本质内容．力求做到由浅入深，循序渐进，通俗易懂，突出重点，论证详细，注重数学思想、方法和技巧的运用，注重培养学生运用数学工具解决实际问题的能力和创新能力，有利于培养学生灵活多样、举一反三的科学素养．

本书的主要特点如下．

(1) 知识脉络清晰，结构合理．

(2) 既注重基础应用，又面向专业拓展．

(3) 计算方法多样，论证详细，培养学生举一反三的能力．

(4) 每章末除精心选配习题外，还附有测试题，参考答案见清华大学出版社官方网站，方便学生自我检测学习效果．

(5) 为满足不同专业、不同层次学生的需要，书中部分内容标记“*”，可根据需求自由选学．

(6) 书末附有积分变换简表，以备需要时查用．

阅读本书需要具备一定的高等数学和复变函数的知识．本书可供高等学校理工科相关专业作为教材使用，也可作为任课教师的教学参考书，还可供有关工程技术人员参考使用．

本书中，孙立伟编写了第一章，汪宏远编写了第二章，邢志红为主审．本书的编写和出版得到了学校相关部门、同行和出版社的大力支持与帮助，谨在此表示诚挚的感谢．

由于编者水平有限，书中难免存在缺点与不妥之处，敬请读者多提宝贵意见．

编　者

2017 年 4 月

目 录

引　言

在自然科学和工程技术中，为把较复杂的运算简单化，人们常常采用变换的方法. 如17世纪，航海和天文学积累了大批观测数据，需要对它们进行大量的乘除运算. 在当时，这是非常繁重的工作，为克服这个困难，1614年纳皮尔(Napier)发明了对数，它将乘除运算转化为加减运算，通过两次查表，便完成了这一艰巨的任务.

18世纪，微积分学中，人们通过微分、积分运算求解物体的运动方程. 到了19世纪，英国著名的无线电工程师海维赛德(Heaviside)为求解电工学、物理学领域中的线性微分方程，逐步形成了一种所谓的符号法，后来就演变成了今天的积分变换法. 即通过积分运算把一个函数经过某种可逆的积分方法变成另一个函数. 在工程数学里，积分变换能够将分析运算(如微分、积分)转化为代数运算，简单、快速地完成复杂、耗时的运算. 正是积分变换的这一特性，使得它在微分方程、偏微分方程的求解中成为重要的方法之一.

积分变换的理论和方法不仅在数学的许多分支中，而且在其他自然科学和各种工程技术领域中都有着广泛的应用.

第一章　傅里叶变换

傅里叶变换(Fourier 变换)是一种对连续时间函数的积分变换,通过特定形式的积分建立函数之间的对应关系.它既能简化计算(如解微分方程或化卷积为乘积等),又具有明确的物理意义(从频谱的角度来描述函数的特征),因而在许多领域被广泛地应用.

第一节　傅里叶变换概述

一、周期函数 $f_T(t)$ 的傅里叶级数

在高等数学中,我们学习了傅里叶级数,知道若 $f_T(t)$ 是以 T 为周期的周期函数,并且 $f_T(t)$ 在 $\left[-\frac{T}{2},\frac{T}{2}\right]$ 上满足狄利克雷(Dirichlet)条件,即在 $\left[-\frac{T}{2},\frac{T}{2}\right]$ 上满足:

(1) 连续或只有有限个第一类间断点;

(2) 至多只有有限个极值点.

则在 $\left[-\frac{T}{2},\frac{T}{2}\right]$ 内,函数 $f_T(t)$ 可以展成傅里叶级数.

在 $f_T(t)$ 的连续点处,级数的三角形式为

$$f_T(t)=\frac{a_0}{2}+\sum_{n=1}^{\infty}(a_n\cos n\omega t+b_n\sin n\omega t). \tag{1.1}$$

其中, $\omega=\frac{2\pi}{T}$, $a_0=\frac{2}{T}\int_{-\frac{T}{2}}^{\frac{T}{2}}f_T(t)\mathrm{d}t, a_n=\frac{2}{T}\int_{-\frac{T}{2}}^{\frac{T}{2}}f_T(t)\cos n\omega t\,\mathrm{d}t, n=1,2,3,\cdots, b_n=\frac{2}{T}\int_{-\frac{T}{2}}^{\frac{T}{2}}f_T(t)\sin n\omega t\,\mathrm{d}t, n=1,2,3,\cdots$.

为今后应用上的方便,下面将傅里叶级数的三角形式即式(1.1)转化为复指数形式.根据欧拉(Euler)公式:

$$\cos\theta=\frac{\mathrm{e}^{\mathrm{j}\theta}+\mathrm{e}^{-\mathrm{j}\theta}}{2},$$

$$\sin\theta=\frac{\mathrm{e}^{\mathrm{j}\theta}-\mathrm{e}^{-\mathrm{j}\theta}}{2\mathrm{j}}.$$

可得

$$f_T(t)=\frac{a_0}{2}+\sum_{n=1}^{\infty}(a_n\cos n\omega t+b_n\sin n\omega t)=\frac{a_0}{2}+\sum_{n=1}^{\infty}\left(\frac{a_n-\mathrm{j}b_n}{2}\mathrm{e}^{\mathrm{j}n\omega t}+\frac{a_n+\mathrm{j}b_n}{2}\mathrm{e}^{-\mathrm{j}n\omega t}\right).$$

可令

$$c_0=\frac{a_0}{2}=\frac{1}{T}\int_{-\frac{T}{2}}^{\frac{T}{2}}f_T(t)\mathrm{d}t,$$

$$c_n = \frac{a_n - \mathrm{j}b_n}{2} = \frac{1}{T}\int_{-\frac{T}{2}}^{\frac{T}{2}} f_T(t)\mathrm{e}^{-\mathrm{j}n\omega t}\mathrm{d}t, \quad n = 1,2,3,\cdots,$$

$$c_{-n} = \frac{a_n + \mathrm{j}b_n}{2} = \frac{1}{T}\int_{-\frac{T}{2}}^{\frac{T}{2}} f_T(t)\mathrm{e}^{\mathrm{j}n\omega t}\mathrm{d}t, \quad n = 1,2,3,\cdots.$$

易知 c_0, c_n, c_{-n} 可以用一个式子表达,即

$$c_n = \frac{1}{T}\int_{-\frac{T}{2}}^{\frac{T}{2}} f_T(t)\mathrm{e}^{-\mathrm{j}n\omega t}\mathrm{d}t, \quad n = 0, \pm 1, \pm 2, \pm 3, \cdots.$$

如果令

$$\omega_n = n\omega, \quad n = 0, \pm 1, \pm 2, \pm 3, \cdots,$$

则式(1.1)可变为

$$f_T(t) = \frac{a_0}{2} + \sum_{n=1}^{\infty}\left(\frac{a_n - \mathrm{j}b_n}{2}\mathrm{e}^{\mathrm{j}n\omega t} + \frac{a_n + \mathrm{j}b_n}{2}\mathrm{e}^{-\mathrm{j}n\omega t}\right) = c_0 + \sum_{n=1}^{\infty}(c_n\mathrm{e}^{\mathrm{j}\omega_n t} + c_{-n}\mathrm{e}^{-\mathrm{j}\omega_n t}) = \sum_{n=-\infty}^{+\infty} c_n\mathrm{e}^{\mathrm{j}\omega_n t},$$

或者

$$f_T(t) = \frac{1}{T}\sum_{n=-\infty}^{+\infty}\left[\int_{-\frac{T}{2}}^{\frac{T}{2}} f_T(\tau)\mathrm{e}^{-\mathrm{j}\omega_n \tau}\mathrm{d}\tau\right]\mathrm{e}^{\mathrm{j}\omega_n t}. \tag{1.2}$$

这就是傅里叶级数的复指数形式.

二、非周期函数 $f(t)$ 的傅里叶积分

下面讨论非周期函数的展开问题. 如图 1.1 所示, T 越大, $f_T(t)$ 与 $f(t)$ 相等的范围越大,这表明任何一个非周期函数 $f(t)$ 都可以看成是由某个周期函数 $f_T(t)$ 当 $T \to +\infty$ 时转化而来的,即

$$f(t) = \lim_{T\to\infty} f_T(t) = \lim_{T\to\infty}\frac{1}{T}\sum_{n=-\infty}^{+\infty}\left[\int_{-\frac{T}{2}}^{\frac{T}{2}} f_T(\tau)\mathrm{e}^{-\mathrm{j}\omega_n \tau}\mathrm{d}\tau\right]\mathrm{e}^{\mathrm{j}\omega_n t}.$$

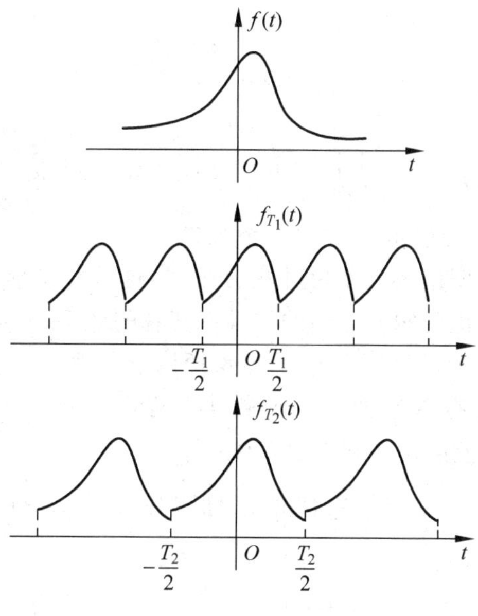

图 1.1

易知,当 n 取遍所有整数时,ω_n 所对应的点便均匀地分布在整个数轴上,如图 1.2 所示.

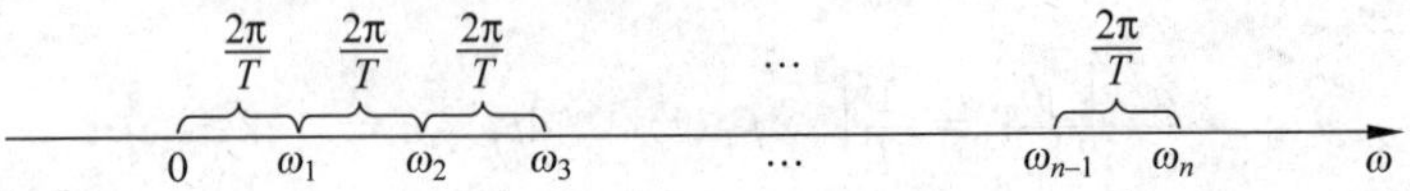

$$\underbrace{0 \quad \omega_1}_{\frac{2\pi}{T}} \underbrace{\quad \omega_2}_{\frac{2\pi}{T}} \underbrace{\quad \omega_3}_{\frac{2\pi}{T}} \quad \cdots \quad \underbrace{\omega_{n-1} \quad \omega_n}_{\frac{2\pi}{T}} \quad \omega$$

图 1.2

令 $\omega=\dfrac{2\pi}{T}$,$\Delta\omega_n=\omega_n-\omega_{n-1}=n\omega-(n-1)\omega=\omega=\dfrac{2\pi}{T}$.

当 $T\to+\infty$时,$\Delta\omega_n\to 0$,于是

$$f(t)=\lim_{\Delta\omega_n\to 0}\sum_{n=-\infty}^{+\infty}\frac{1}{2\pi}\left[\int_{-\frac{T}{2}}^{\frac{T}{2}}f_T(\tau)\mathrm{e}^{-\mathrm{j}\omega_n\tau}\mathrm{d}\tau\right]\mathrm{e}^{\mathrm{j}\omega_n t}\Delta\omega_n.$$

当 t 固定时,易知 $\dfrac{1}{2\pi}\left[\displaystyle\int_{-\frac{T}{2}}^{\frac{T}{2}}f_T(\tau)\mathrm{e}^{-\mathrm{j}\omega_n\tau}\mathrm{d}\tau\right]\mathrm{e}^{\mathrm{j}\omega_n t}$ 是 ω_n 的函数,记为 $\Phi_T(\omega_n)$,即

$$\Phi_T(\omega_n)=\frac{1}{2\pi}\left[\int_{-\frac{T}{2}}^{\frac{T}{2}}f_T(\tau)\mathrm{e}^{-\mathrm{j}\omega_n\tau}\mathrm{d}\tau\right]\mathrm{e}^{\mathrm{j}\omega_n t}.$$

于是

$$f(t)=\lim_{\Delta\omega_n\to 0}\sum_{n=-\infty}^{+\infty}\Phi_T(\omega_n)\Delta\omega_n.$$

当 $T\to+\infty$,$\Delta\omega_n\to 0$,$\Phi_T(\omega_n)\to\Phi(\omega_n)$时,其中

$$\Phi(\omega_n)=\frac{1}{2\pi}\left[\int_{-\infty}^{+\infty}f(\tau)\mathrm{e}^{-\mathrm{j}\omega_n\tau}\mathrm{d}\tau\right]\mathrm{e}^{\mathrm{j}\omega_n t}.$$

于是,$f(t)$可看作是函数 $\Phi(\omega_n)$在$(-\infty,+\infty)$上的积分

$$f(t)=\int_{-\infty}^{+\infty}\Phi(\omega_n)\mathrm{d}\omega_n.$$

令 $\omega=\omega_n$,有

$$f(t)=\int_{-\infty}^{+\infty}\Phi(\omega)\mathrm{d}\omega.$$

整理得

$$f(t)=\frac{1}{2\pi}\int_{-\infty}^{+\infty}\left[\int_{-\infty}^{+\infty}f(\tau)\mathrm{e}^{-\mathrm{j}\omega\tau}\mathrm{d}\tau\right]\mathrm{e}^{\mathrm{j}\omega t}\mathrm{d}\omega.$$

实际上,这就是非周期函数 $f(t)$的**傅里叶积分公式**.

上述分析推导了非周期函数的傅里叶积分公式,这里只是形式上的推导,其目的在于让读者对傅里叶级数和傅里叶积分之间的关系有直观的认识,究竟一个非周期函数 $f(t)$满足什么条件才可以用傅里叶积分公式表示,可参照以下定理.

定理 1.1(傅里叶积分存在定理) 设函数 $f(t)$在$(-\infty,+\infty)$上满足下列条件:

(1) 在任意有限区间上满足狄利克雷条件;

(2) 在无限区间$(-\infty,+\infty)$上绝对可积,即积分 $\displaystyle\int_{-\infty}^{+\infty}|f(t)|\mathrm{d}t$ 收敛.

则

$$f(t)=\frac{1}{2\pi}\int_{-\infty}^{+\infty}\left[\int_{-\infty}^{+\infty}f(\tau)\mathrm{e}^{-\mathrm{j}\omega\tau}\mathrm{d}\tau\right]\mathrm{e}^{\mathrm{j}\omega t}\mathrm{d}\omega \tag{1.3}$$

成立，左端函数 $f(t)$ 在它的间断点 t 处，应以 $f(t)=\dfrac{f(t+0)+f(t-0)}{2}$ 代替.

这个定理的条件是充分的，证明需要较多的基础知识，这里从略.

式(1.3)为复指数形式，为后面应用方便，还需要将其转换成三角形式. 利用欧拉公式可得

$$\begin{aligned}
f(t)&=\frac{1}{2\pi}\int_{-\infty}^{+\infty}\left[\int_{-\infty}^{+\infty}f(\tau)\mathrm{e}^{-\mathrm{j}\omega\tau}\mathrm{d}\tau\right]\mathrm{e}^{\mathrm{j}\omega t}\mathrm{d}\omega=\frac{1}{2\pi}\int_{-\infty}^{+\infty}\left[\int_{-\infty}^{+\infty}f(\tau)\mathrm{e}^{\mathrm{j}\omega(t-\tau)}\mathrm{d}\tau\right]\mathrm{d}\omega\\
&=\frac{1}{2\pi}\int_{-\infty}^{+\infty}\left\{\int_{-\infty}^{+\infty}f(\tau)[\cos\omega(t-\tau)+\mathrm{j}\sin\omega(t-\tau)]\mathrm{d}\tau\right\}\mathrm{d}\omega\\
&=\frac{1}{2\pi}\int_{-\infty}^{+\infty}\left[\int_{-\infty}^{+\infty}f(\tau)\cos\omega(t-\tau)\mathrm{d}\tau+\mathrm{j}\int_{-\infty}^{+\infty}f(\tau)\sin\omega(t-\tau)\mathrm{d}\tau\right]\mathrm{d}\omega\\
&=\frac{1}{2\pi}\int_{-\infty}^{+\infty}\left[\int_{-\infty}^{+\infty}f(\tau)\cos\omega(t-\tau)\mathrm{d}\tau\right]\mathrm{d}\omega+\frac{\mathrm{j}}{2\pi}\int_{-\infty}^{+\infty}\left[\int_{-\infty}^{+\infty}f(\tau)\sin\omega(t-\tau)\mathrm{d}\tau\right]\mathrm{d}\omega.
\end{aligned}$$

由于 $\int_{-\infty}^{+\infty}f(\tau)\sin\omega(t-\tau)\mathrm{d}\tau$ 是 ω 的奇函数，于是 $\int_{-\infty}^{+\infty}\left[\int_{-\infty}^{+\infty}f(\tau)\sin\omega(t-\tau)\mathrm{d}\tau\right]\mathrm{d}\omega=0$. 又 $\int_{-\infty}^{+\infty}f(\tau)\cos\omega(t-\tau)\mathrm{d}\tau$ 是 ω 的偶函数，于是

$$f(t)=\frac{1}{\pi}\int_{0}^{+\infty}\left[\int_{-\infty}^{+\infty}f(\tau)\cos\omega(t-\tau)\mathrm{d}\tau\right]\mathrm{d}\omega. \tag{1.4}$$

这就是 $f(t)$ 的**傅里叶积分的三角形式**.

根据式(1.4)，有

$$\begin{aligned}
f(t)&=\frac{1}{\pi}\int_{0}^{+\infty}\left[\int_{-\infty}^{+\infty}f(\tau)(\cos\omega t\cos\omega\tau+\sin\omega t\sin\omega\tau)\mathrm{d}\tau\right]\mathrm{d}\omega\\
&=\frac{1}{\pi}\int_{0}^{+\infty}\int_{-\infty}^{+\infty}f(\tau)\cos\omega\tau\mathrm{d}\tau\cos\omega t\mathrm{d}\omega+\frac{1}{\pi}\int_{0}^{+\infty}\int_{-\infty}^{+\infty}f(\tau)\sin\omega\tau\mathrm{d}\tau\sin\omega t\mathrm{d}\omega.
\end{aligned}$$

于是，若 $f(t)$ 为奇函数，则有

$$f(t)=\frac{2}{\pi}\int_{0}^{+\infty}\left[\int_{0}^{+\infty}f(\tau)\sin\omega\tau\mathrm{d}\tau\right]\sin\omega t\mathrm{d}\omega. \tag{1.5}$$

称式(1.5)为函数 $f(t)$ 的**傅里叶正弦积分公式**.

若 $f(t)$ 为偶函数，则有

$$f(t)=\frac{2}{\pi}\int_{0}^{+\infty}\left[\int_{0}^{+\infty}f(\tau)\cos\omega\tau\mathrm{d}\tau\right]\cos\omega t\mathrm{d}\omega. \tag{1.6}$$

称式(1.6)为函数 $f(t)$ 的**傅里叶余弦积分公式**.

特别的，如果 $f(t)$ 仅在 $(0,+\infty)$ 上有定义，且满足傅里叶积分存在条件，则可根据傅里叶级数中的奇延拓或偶延拓的方法，得到 $f(t)$ 相应的傅里叶正弦积分表达式或傅里叶余弦积分表达式.

例 1.1 求函数 $f(t)=\begin{cases}1, & |t|\leqslant 1,\\ 0, & \text{其他}\end{cases}$ 的傅里叶积分表达式.

解：根据式(1.3)，可得

$$f(t)=\frac{1}{2\pi}\int_{-\infty}^{+\infty}\left[\int_{-\infty}^{+\infty}f(\tau)\mathrm{e}^{-\mathrm{j}\omega\tau}\mathrm{d}\tau\right]\mathrm{e}^{\mathrm{j}\omega t}\mathrm{d}\omega=\frac{1}{2\pi}\int_{-\infty}^{+\infty}\left[\int_{-1}^{1}\mathrm{e}^{-\mathrm{j}\omega\tau}\mathrm{d}\tau\right]\mathrm{e}^{\mathrm{j}\omega t}\mathrm{d}\omega$$

$$= \frac{1}{2\pi}\int_{-\infty}^{+\infty}\left[\int_{-1}^{1}(\cos\omega\tau - \mathrm{j}\sin\omega\tau)\,\mathrm{d}\tau\right]\mathrm{e}^{\mathrm{j}\omega t}\,\mathrm{d}\omega = \frac{1}{\pi}\int_{-\infty}^{+\infty}\frac{\sin\omega}{\omega}(\cos\omega t + \mathrm{j}\sin\omega t)\,\mathrm{d}\omega$$

$$= \frac{2}{\pi}\int_{0}^{+\infty}\frac{\sin\omega\cos\omega t}{\omega}\mathrm{d}\omega,\quad t\neq\pm 1.$$

当 $t=\pm 1$ 时，$f(t)$ 应以 $\frac{f(\pm 1+0)+f(\pm 1-0)}{2}=\frac{1}{2}$ 代替.

事实上，本例中 $f(t)$ 为偶函数，还可以通过式(1.6)获得结果，过程如下：

$$f(t) = \frac{2}{\pi}\int_{0}^{+\infty}\left[\int_{0}^{+\infty}f(\tau)\cos\omega\tau\,\mathrm{d}\tau\right]\cos\omega t\,\mathrm{d}\omega = \frac{2}{\pi}\int_{0}^{+\infty}\left[\int_{0}^{1}\cos\omega\tau\,\mathrm{d}\tau\right]\cos\omega t\,\mathrm{d}\omega$$

$$= \frac{2}{\pi}\int_{0}^{+\infty}\frac{\sin\omega\cos\omega t}{\omega}\mathrm{d}\omega,\quad t\neq\pm 1.$$

根据本例结果，我们可以得到一个广义积分的结果

$$\int_{0}^{+\infty}\frac{\sin\omega\cos\omega t}{\omega}\mathrm{d}\omega = \frac{\pi}{2}f(t) = \begin{cases}\frac{\pi}{2}, & |t|<1,\\ \frac{\pi}{4}, & |t|=1,\\ 0, & |t|>1.\end{cases}$$

当 $t=0$ 时，便可得到著名的狄利克雷积分，即

$$\int_{0}^{+\infty}\frac{\sin\omega}{\omega}\mathrm{d}\omega = \frac{\pi}{2}.$$

三、傅里叶变换的概念

在式(1.3)中，设

$$F(\omega) = \int_{-\infty}^{+\infty}f(t)\mathrm{e}^{-\mathrm{j}\omega t}\,\mathrm{d}t, \tag{1.7}$$

则

$$f(t) = \frac{1}{2\pi}\int_{-\infty}^{+\infty}F(\omega)\mathrm{e}^{\mathrm{j}\omega t}\,\mathrm{d}\omega. \tag{1.8}$$

这样，$f(t)$ 和 $F(\omega)$ 通过特定的积分就可以相互表达. 我们称式(1.7)为 $f(t)$ 的傅里叶变换，记为 $F(\omega)=\mathscr{F}[f(t)]$，$F(\omega)$ 叫作 $f(t)$ 的象函数；称式(1.8)为 $F(\omega)$ 的傅里叶逆变换，记为 $f(t)=\mathscr{F}^{-1}[F(\omega)]$，$f(t)$ 叫作 $F(\omega)$ 的象原函数.

根据上述定义，也可以说 $f(t)$ 和 $F(\omega)$ 构成了一个傅里叶变换对，它们有相同的奇偶性.

当 $f(t)$ 为奇函数时，根据式(1.5)，有

$$F_s(\omega) = \int_{0}^{+\infty}f(t)\sin\omega t\,\mathrm{d}t, \tag{1.9}$$

叫作 $f(t)$ 的**傅里叶正弦变换**. 而

$$f(t) = \frac{2}{\pi}\int_{0}^{+\infty}F_s(\omega)\sin\omega t\,\mathrm{d}\omega, \tag{1.10}$$

叫作 $F(\omega)$ 的**傅里叶正弦逆变换**.

当 $f(t)$ 为偶函数时，根据式(1.6)，有

$$F_c(\omega)=\int_0^{+\infty}f(t)\cos\omega t\,\mathrm{d}t, \tag{1.11}$$

叫作 $f(t)$ 的**傅里叶余弦变换**. 而

$$f(t)=\frac{2}{\pi}\int_0^{+\infty}F_c(\omega)\cos\omega t\,\mathrm{d}\omega, \tag{1.12}$$

叫作 $F(\omega)$ 的**傅里叶余弦逆变换**.

例 1.2 求函数 $f(t)=\begin{cases}0, & t<0,\\ \mathrm{e}^{-\beta t}, & t\geqslant 0\end{cases}$ 的傅里叶变换及其积分表达式，其中 $\beta>0$，这个函数 $f(t)$ 叫作指数衰减函数，是工程技术中常遇到的一个函数.

解：根据式(1.7)，有

$$F(\omega)=\int_{-\infty}^{+\infty}f(t)\mathrm{e}^{-\mathrm{j}\omega t}\mathrm{d}t=\int_0^{+\infty}\mathrm{e}^{-\beta t}\mathrm{e}^{-\mathrm{j}\omega t}\mathrm{d}t=\int_0^{+\infty}\mathrm{e}^{-(\beta+\mathrm{j}\omega)t}\mathrm{d}t=\frac{1}{\beta+\mathrm{j}\omega}=\frac{\beta-\mathrm{j}\omega}{\beta^2+\omega^2},$$

这就得到了 $f(t)$ 的傅里叶变换. 下面求它的傅里叶逆变换，由式(1.8)，有

$$\begin{aligned}f(t)&=\frac{1}{2\pi}\int_{-\infty}^{+\infty}F(\omega)\mathrm{e}^{\mathrm{j}\omega t}\mathrm{d}\omega=\frac{1}{2\pi}\int_{-\infty}^{+\infty}\frac{\beta-\mathrm{j}\omega}{\beta^2+\omega^2}\mathrm{e}^{\mathrm{j}\omega t}\mathrm{d}\omega\\&=\frac{1}{2\pi}\int_{-\infty}^{+\infty}\frac{\beta\cos\omega t+\omega\sin\omega t+\mathrm{j}\beta\sin\omega t-\mathrm{j}\omega\cos\omega t}{\beta^2+\omega^2}\mathrm{d}\omega\\&=\frac{1}{\pi}\int_0^{+\infty}\frac{\beta\cos\omega t+\omega\sin\omega t}{\beta^2+\omega^2}\mathrm{d}\omega,\end{aligned}$$

这就是 $f(t)$ 的积分表达式.

利用此结果还能得到一个含参广义积分的结果：

$$\int_0^{+\infty}\frac{\beta\cos\omega t+\omega\sin\omega t}{\beta^2+\omega^2}\mathrm{d}\omega=\pi f(t)=\begin{cases}0, & t<0,\\ \dfrac{\pi}{2}, & t=0,\\ \pi\mathrm{e}^{-\beta t}, & t>0,\end{cases}\quad(\beta>0).$$

例 1.3 求函数 $f(t)=\begin{cases}1, & 0\leqslant t<1,\\ 0, & t\geqslant 1\end{cases}$ 的傅里叶正弦变换和傅里叶余弦变换.

解：将 $f(t)$ 进行奇延拓，再根据式(1.9)，有

$$F_s(\omega)=\int_0^{+\infty}f(t)\sin\omega t\,\mathrm{d}t=\int_0^1\sin\omega t\,\mathrm{d}t=-\frac{\cos\omega t}{\omega}\bigg|_0^1=\frac{1-\cos\omega}{\omega}.$$

将 $f(t)$ 进行偶延拓，再根据式(1.11)，有

$$F_c(\omega)=\int_0^{+\infty}f(t)\cos\omega t\,\mathrm{d}t=\int_0^1\cos\omega t\,\mathrm{d}t=\frac{\sin\omega t}{\omega}\bigg|_0^1=\frac{\sin\omega}{\omega}.$$

此例说明，同一函数的傅里叶正弦变换和傅里叶余弦变换一般不同.

例 1.4 求函数 $f(t)=A\mathrm{e}^{-\beta t^2}$ 的傅里叶变换及其积分表达式，其中 $A>0,\beta>0$，这个函数叫作钟形脉冲函数(又称高斯函数)，也是工程技术中常遇到的一个函数.

解：根据式(1.7)，有

$$F(\omega)=\int_{-\infty}^{+\infty} f(t)\mathrm{e}^{-\mathrm{j}\omega t}\,\mathrm{d}t=\int_{-\infty}^{+\infty} A\mathrm{e}^{-\beta\left(t^2+\frac{\mathrm{j}\omega}{\beta}t\right)}\,\mathrm{d}t=A\mathrm{e}^{-\frac{\omega^2}{4\beta}}\int_{-\infty}^{+\infty}\mathrm{e}^{-\beta\left(t+\frac{\mathrm{j}\omega}{2\beta}\right)^2}\,\mathrm{d}t.$$

若令 $s=t+\dfrac{\mathrm{j}\omega}{2\beta}$,上式将变为一复变函数的积分,即

$$\int_{-\infty}^{+\infty}\mathrm{e}^{-\beta\left(t+\frac{\mathrm{j}\omega}{2\beta}\right)^2}\,\mathrm{d}t=\int_{-\infty+\frac{\mathrm{j}\omega}{2\beta}}^{+\infty+\frac{\mathrm{j}\omega}{2\beta}}\mathrm{e}^{-\beta s^2}\,\mathrm{d}s.$$

由于 $\mathrm{e}^{-\beta s^2}$ 在复平面处处解析,根据柯西积分公式,沿如图 1.3 所示的封闭曲线 l:矩形 $ABCD$ 积分,有

$$\oint_l \mathrm{e}^{-\beta s^2}\,\mathrm{d}s=0.$$

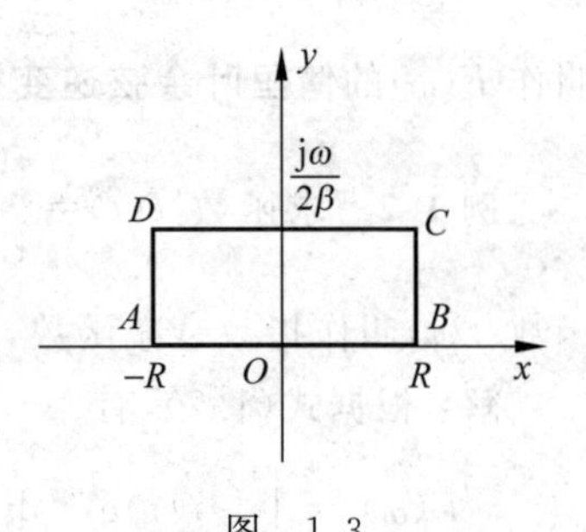

图 1.3

于是

$$\left(\int_{AB}+\int_{BC}+\int_{CD}+\int_{DA}\right)\mathrm{e}^{-\beta s^2}\,\mathrm{d}s=0.$$

当 $R\to+\infty$ 时,

$$\int_{AB}\mathrm{e}^{-\beta s^2}\,\mathrm{d}s=\int_{-R}^{R}\mathrm{e}^{-\beta t^2}\,\mathrm{d}t\to\int_{-\infty}^{+\infty}\mathrm{e}^{-\beta t^2}\,\mathrm{d}t=\sqrt{\frac{\pi}{\beta}}.$$

$\left(\text{此结果可根据高数结论}\int_{-\infty}^{+\infty}\mathrm{e}^{-x^2}\,\mathrm{d}t=\sqrt{\pi}\text{ 得到.}\right)$

又 $\left|\int_{BC}\mathrm{e}^{-\beta s^2}\,\mathrm{d}s\right|=\left|\int_{R}^{R+\frac{\mathrm{j}\omega}{2\beta}}\mathrm{e}^{-\beta s^2}\,\mathrm{d}s\right|=\left|\int_{0}^{\frac{\omega}{2\beta}}\mathrm{e}^{-\beta(R+\mathrm{j}u)^2}\,\mathrm{d}(R+\mathrm{j}u)\right|\leqslant\mathrm{e}^{-\beta R^2}\int_{0}^{\frac{\omega}{2\beta}}\left|\mathrm{e}^{\beta u^2-2\mathrm{j}\beta Ru}\right|\mathrm{d}u=$ $\mathrm{e}^{-\beta R^2}\int_{0}^{\frac{\omega}{2\beta}}\mathrm{e}^{\beta u^2}\,\mathrm{d}u\to 0.$

同理,$\left|\int_{DA}\mathrm{e}^{-\beta s^2}\,\mathrm{d}s\right|\to 0$. 由此,当 $R\to+\infty$ 时,有

$$\int_{BC}\mathrm{e}^{-\beta s^2}\,\mathrm{d}s\to 0,\quad \int_{DA}\mathrm{e}^{-\beta s^2}\,\mathrm{d}s\to 0.$$

于是

$$\lim_{R\to+\infty}\int_{CD}\mathrm{e}^{-\beta s^2}\,\mathrm{d}s+\sqrt{\frac{\pi}{\beta}}=\lim_{R\to+\infty}\left(-\int_{DC}\mathrm{e}^{-\beta s^2}\,\mathrm{d}s\right)+\sqrt{\frac{\pi}{\beta}}=0,$$

即

$$\int_{-\infty+\frac{\mathrm{j}\omega}{2\beta}}^{+\infty+\frac{\mathrm{j}\omega}{2\beta}}\mathrm{e}^{-\beta s^2}\,\mathrm{d}s=\sqrt{\frac{\pi}{\beta}}.$$

因此,可得钟形脉冲函数 $f(t)=A\mathrm{e}^{-\beta t^2}$ 的傅里叶变换为 $F(\omega)=\sqrt{\dfrac{\pi}{\beta}}A\mathrm{e}^{-\frac{\omega^2}{4\beta}}$.

接下来,我们求其积分表达式. 根据式(1.8)及奇偶函数积分性质,有

$$f(t)=\frac{1}{2\pi}\int_{-\infty}^{+\infty}F(\omega)\mathrm{e}^{\mathrm{j}\omega t}\,\mathrm{d}\omega=\frac{1}{2\pi}\sqrt{\frac{\pi}{\beta}}A\int_{-\infty}^{+\infty}\mathrm{e}^{-\frac{\omega^2}{4\beta}}(\cos\omega t+\mathrm{j}\sin\omega t)\,\mathrm{d}\omega=\frac{A}{\sqrt{\pi\beta}}\int_{0}^{+\infty}\mathrm{e}^{-\frac{\omega^2}{4\beta}}\cos\omega t\,\mathrm{d}\omega.$$

这就是它的积分表达式. 由此我们还可以得到一个广义积分的结果

$$\int_{0}^{+\infty}\mathrm{e}^{-\frac{\omega^2}{4\beta}}\cos\omega t\,\mathrm{d}\omega=\frac{\sqrt{\pi\beta}}{A}f(t)=\sqrt{\pi\beta}\mathrm{e}^{-\beta t^2}.$$

利用此结果,取 $t=0,\beta=\dfrac{1}{4}$,可得 $\int_{0}^{+\infty}\mathrm{e}^{-x^2}\,\mathrm{d}x=\dfrac{\sqrt{\pi}}{2}$.

例 1.5 证明：当 $f(t)$ 为奇函数时，$F(\omega)=-2\mathrm{j}F_s(\omega)$.

证：当 $f(t)$ 为奇函数时，根据式(1.7)，有

$$F(\omega)=\int_{-\infty}^{+\infty}f(t)\mathrm{e}^{-\mathrm{j}\omega t}\mathrm{d}t=\int_{-\infty}^{+\infty}f(t)(\cos\omega t-\mathrm{j}\sin\omega t)\mathrm{d}t=-2\mathrm{j}\int_{0}^{+\infty}f(t)\sin\omega t\,\mathrm{d}t.$$

根据式(1.9)，有

$$F(\omega)=-2\mathrm{j}F_s(\omega).$$

同理，当 $f(t)$ 为偶函数时，还有 $F(\omega)=2F_c(\omega)$ 成立.

四、傅里叶变换的物理意义——频谱

在无线电技术、声学、振动理论中，傅里叶变换和频谱概念有着非常密切的关系. 在频谱分析中，时间变量的函数 $f(t)$ 的傅里叶变换 $F(\omega)$ 称为 $f(t)$ 的**频谱函数**，频谱函数的模 $|F(\omega)|$ 称为**振幅频谱**(简称为**频谱**). 对于频谱的内容，这里只作简单介绍，有兴趣的读者可以查阅频谱理论的相关书籍.

例 1.6 作如图 1.4 所示的单个矩形脉冲的频谱图.

解：$f(t)=\begin{cases}E, & -\dfrac{\tau}{2}<t<\dfrac{\tau}{2},\\ 0, & 其他,\end{cases}$

$$F(\omega)=\int_{-\infty}^{+\infty}f(t)\cdot\mathrm{e}^{-\mathrm{j}\omega t}\mathrm{d}t=\int_{-\frac{\tau}{2}}^{\frac{\tau}{2}}E\cdot\mathrm{e}^{-\mathrm{j}\omega t}\mathrm{d}t=\frac{2E}{\omega}\sin\frac{\omega\tau}{2}.$$

振幅频谱 $|F(\omega)|=2E\left|\dfrac{\sin\frac{\omega\tau}{2}}{\omega}\right|$，于是可得频谱图，如图 1.5 所示.

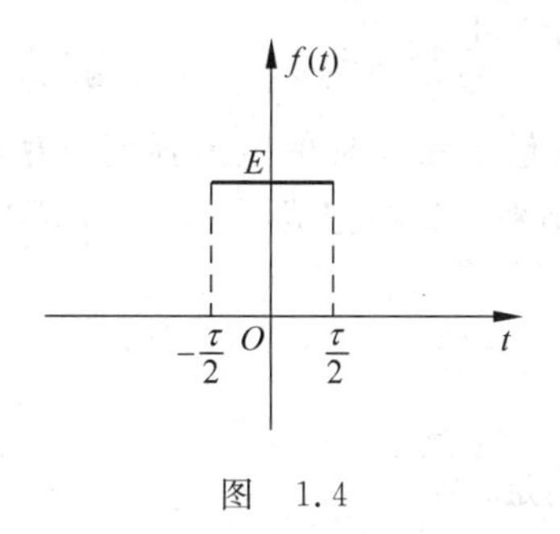

图 1.4

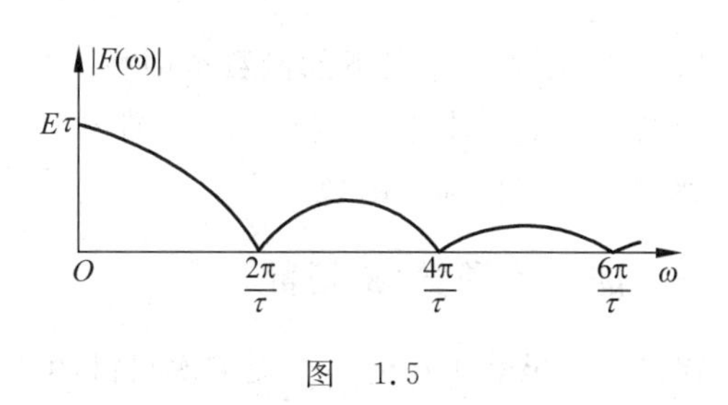

图 1.5

这里只画出了 $\omega\geqslant 0$ 的图形，$\omega<0$ 的情况可根据 $|F(\omega)|$ 偶函数的对称性得到，接下来我们说明振幅频谱函数 $|F(\omega)|$ 为偶函数. 实际上，

$$F(\omega)=\int_{-\infty}^{+\infty}f(t)\cdot\mathrm{e}^{-\mathrm{j}\omega t}\mathrm{d}t=\int_{-\infty}^{+\infty}f(t)(\cos\omega t-\mathrm{j}\sin\omega t)\mathrm{d}t$$
$$=\int_{-\infty}^{+\infty}f(t)\cos\omega t\,\mathrm{d}t-\mathrm{j}\int_{-\infty}^{+\infty}f(t)\sin\omega t\,\mathrm{d}t,$$

$$|F(\omega)|=\sqrt{\left(\int_{-\infty}^{+\infty}f(t)\cos\omega t\,\mathrm{d}t\right)^2+\left(\int_{-\infty}^{+\infty}f(t)\sin\omega t\,\mathrm{d}t\right)^2},$$

$$|F(-\omega)|=\sqrt{\left[\int_{-\infty}^{+\infty}f(t)\cos(-\omega t)\mathrm{d}t\right]^2+\left[\int_{-\infty}^{+\infty}f(t)\sin(-\omega t)\mathrm{d}t\right]^2},$$

于是

$$|F(\omega)|=|F(-\omega)|.$$

这就说明了振幅频谱函数$|F(\omega)|$为偶函数.

第二节　单位脉冲函数及其傅里叶变换

在物理和工程技术中,除用到指数衰减函数外,还常常会用到单位脉冲函数.因为在许多物理现象中,除有连续分布的物理量外,还有集中在一点的量(点源),或者具有脉冲性质的量,如瞬间作用的冲击力、电脉冲等.在电学中,要研究线性电路受具有脉冲性质的电势作用后所产生的电流;在力学中,要研究机械系统受冲击力作用后的运动情况等.研究这类问题就会产生单位脉冲函数.

引例　在原来电流为零的电路中,某一瞬时(设为$t=0$)进入一单位电量的脉冲,现在要确定电路上的电流 $i(t)$.

以$q(t)$表示上述电路中的电荷函数,则

$$q(t)=\begin{cases}0, & t\neq 0,\\ 1, & t=0.\end{cases}$$

由于电流强度是电荷函数对时间的变化率,即当$t\neq 0$时,$i(t)=0$,由于$q(t)$是不连续的,从而在普通导数意义下,$q(t)$在这一点是不能求导数的,但如果我们形式地计算这个导数,则得

$$i(0)=\lim_{\Delta t\to 0}\frac{q(0+\Delta t)-q(0)}{\Delta t}=\lim_{\Delta t\to 0}\left(-\frac{1}{\Delta t}\right)=\infty.$$

这表明,在通常意义下的函数类中找不到一个函数能够表示这样的电流强度.为确定这样的电流强度,引进一个新的函数,即狄拉克(Dirac)函数,简单记成δ-函数.工程中常将δ-函数称为单位脉冲函数.

一、迪拉克函数(δ-函数)

定义　如果对于任何一个无穷次可微的函数$f(t)$,满足

$$\int_{-\infty}^{+\infty}\delta(t)f(t)\mathrm{d}t=\lim_{\varepsilon\to 0}\int_{-\infty}^{+\infty}\delta_{\varepsilon}(t)f(t)\mathrm{d}t. \tag{1.13}$$

其中,

$$\delta_{\varepsilon}(t)=\begin{cases}\dfrac{1}{\varepsilon}, & 0\leqslant t\leqslant\varepsilon,\\ 0, & 其他,\end{cases}$$

则称$\delta_{\varepsilon}(t)$的弱极限为δ-函数,记为$\delta(t)$.

对此定义,我们从如下角度来理解.若一个函数满足:

(1) $\delta(t)=\begin{cases}0, & t\neq 0,\\ \infty, & t=0,\end{cases}$

(2) $\int_{-\infty}^{+\infty}\delta(t)\mathrm{d}t=1.$ (1.14)

则称这个函数为 δ-函数，并记为 $\delta(t)$.

根据式(1.14)，可将 δ-函数用一个长度等于 1 的有向线段表示，这个线段的长度表示 δ-函数的积分值，称为 δ-函数的强度.

显然，$\delta(t)$已经不属于微积分中所研究的函数类了，因为微积分中所定义的函数，都不会在其定义域内的任何一点处等于∞. 另外，改变有限个点处的函数值不会影响该函数的积分值，就应该有

$$\int_{-\infty}^{+\infty}\delta(t)\mathrm{d}t=0.$$

但此结果与 δ-函数的定义相矛盾. 这些都说明 δ-函数是一个广义函数，不能用通常意义下"值的对应关系"定义，深入理解这个函数，需要用到超出工科院校工程数学大纲范围的知识，这里不再叙述，有兴趣的同学可参考广义函数论的相关书籍.

二、δ-函数的性质

(1) 筛选性质.

若 $f(t)$为一个无穷次可微的函数，则

$$\int_{-\infty}^{+\infty}\delta(t)f(t)\mathrm{d}t=f(0). \tag{1.15}$$

证：根据式(1.13)，有 $\int_{-\infty}^{+\infty}\delta(t)f(t)\mathrm{d}t=\lim\limits_{\varepsilon\to 0}\int_{-\infty}^{+\infty}\delta_{\varepsilon}(t)f(t)\mathrm{d}t=\lim\limits_{\varepsilon\to 0}\int_{0}^{\varepsilon}\frac{1}{\varepsilon}f(t)\mathrm{d}t.$

因为 $f(t)$为一个无穷次可微的函数，根据积分中值定理，有

$$\int_{-\infty}^{+\infty}\delta(t)f(t)\mathrm{d}t=\lim_{\varepsilon\to 0}\int_{0}^{\varepsilon}\frac{1}{\varepsilon}f(t)\mathrm{d}t=\lim_{\varepsilon\to 0}f(\theta\varepsilon)=f(0)\quad(0<\theta<1).$$

一般地，有

$$\int_{-\infty}^{+\infty}\delta(t-t_0)f(t)\mathrm{d}t=f(t_0). \tag{1.16}$$

(2) $\delta(t)$是偶函数.

$\delta(t)$是偶函数，即 $\delta(t)=\delta(-t)$.

证：令 $\tau=-t$，则

$$\int_{-\infty}^{+\infty}\delta(-t)f(t)\mathrm{d}t=\int_{+\infty}^{-\infty}\delta(\tau)f(-\tau)(-\mathrm{d}\tau)=\int_{-\infty}^{+\infty}\delta(\tau)f(-\tau)\mathrm{d}\tau=f(0).$$

又根据式(1.15)，即

$$\int_{-\infty}^{+\infty}\delta(t)f(t)\mathrm{d}t=f(0),$$

可得

$$\int_{-\infty}^{+\infty}\delta(-t)f(t)\mathrm{d}t=\int_{-\infty}^{+\infty}\delta(t)f(t)\mathrm{d}t.$$

于是，结论得证.

(3) $\frac{\mathrm{d}}{\mathrm{d}t}u(t)=\delta(t)$. 其中，$u(t)=\begin{cases}1, & t>0,\\ 0, & t<0\end{cases}$ 称为**单位阶跃函数**.

证：当 $t=0$ 时，$\delta(0)=\lim\limits_{t\to 0}\dfrac{u(t)-u(0)}{t}=\infty$.

当 $t\neq 0$ 时，$\int_{-\infty}^{t}\delta(\tau)\mathrm{d}\tau=\begin{cases}\int_{-\infty}^{+\infty}\delta(\tau)\mathrm{d}\tau, & t>0,\\ 0, & t<0\end{cases}=\begin{cases}1, & t>0,\\ 0, & t<0\end{cases}=u(t)$.

于是

$$\frac{\mathrm{d}}{\mathrm{d}t}u(t)=\delta(t).$$

(4) $\int_{-\infty}^{+\infty}\delta'(t)f(t)\mathrm{d}t=-f'(0)$. (1.17)

证：$\int_{-\infty}^{+\infty}\delta'(t)f(t)\mathrm{d}t=\int_{-\infty}^{+\infty}f(t)\mathrm{d}\delta(t)=\delta(t)f(t)\Big|_{-\infty}^{+\infty}-\int_{-\infty}^{+\infty}\delta(t)f'(t)\mathrm{d}t=-f'(0)$.

一般地，有

$$\int_{-\infty}^{+\infty}\delta^{(n)}(t)f(t)\mathrm{d}t=(-1)^n f^{(n)}(0). \tag{1.18}$$

三、δ-函数的傅里叶变换

根据式(1.7)(傅里叶变换定义)并结合式(1.15)，可得

$$F(\omega)=\int_{-\infty}^{+\infty}\delta(t)\mathrm{e}^{-\mathrm{j}\omega t}\mathrm{d}t=\mathrm{e}^{-\mathrm{j}\omega t}\big|_{t=0}=1.$$

于是，$\delta(t)$和1构成一个傅里叶变换对，即

$$\frac{1}{2\pi}\int_{-\infty}^{+\infty}1\cdot\mathrm{e}^{\mathrm{j}\omega t}\mathrm{d}\omega=\delta(t).$$

同理，$\delta(t-t_0)$与 $\mathrm{e}^{-\mathrm{j}\omega t_0}$ 构成一个傅里叶变换对. 即

$$\int_{-\infty}^{+\infty}\delta(t-t_0)\cdot\mathrm{e}^{-\mathrm{j}\omega t}\mathrm{d}t=\mathrm{e}^{-\mathrm{j}\omega t_0}.$$

有了 δ-函数，对于许多集中在一点或一瞬间的量，如点电荷、点热源、集中于一点的质量以及脉冲技术中的非常狭窄的脉冲等，就能够像处理连续分布的量那样，用统一的方式来加以解决. 尽管 δ-函数本身没有普通意义下的函数值，但它与任何一个无穷次可微的函数的乘积在$(-\infty,+\infty)$上的积分都有确定的值. δ-函数的傅里叶变换应理解为广义傅里叶变换，许多重要的函数，如常函数、符号函数、单位阶跃函数、正弦函数、余弦函数等都是不满足傅里叶积分定理中绝对可积条件的$\left(即\int_{-\infty}^{+\infty}|f(t)|\mathrm{d}t不收敛\right)$，这些函数的广义傅里叶变换都可以利用 δ-函数得到.

例 1.7 证明单位阶跃函数 $u(t)=\begin{cases}1, & t>0,\\ 0, & t<0\end{cases}$ 的傅里叶变换为 $F(\omega)=\dfrac{1}{\mathrm{j}\omega}+\pi\delta(\omega)$.

证：根据式(1.8)(傅里叶逆变换定义)，有

$$f(t)=\mathscr{F}^{-1}[F(\omega)]=\frac{1}{2\pi}\int_{-\infty}^{+\infty}\left[\frac{1}{\mathrm{j}\omega}+\pi\delta(\omega)\right]\mathrm{e}^{\mathrm{j}\omega t}\mathrm{d}\omega=\frac{1}{2\pi}\int_{-\infty}^{+\infty}\pi\delta(\omega)\mathrm{e}^{\mathrm{j}\omega t}\mathrm{d}\omega+\frac{1}{2\pi}\int_{-\infty}^{+\infty}\frac{1}{\mathrm{j}\omega}\mathrm{e}^{\mathrm{j}\omega t}\mathrm{d}\omega$$

$$=\frac{1}{2}\int_{-\infty}^{+\infty}\delta(\omega)\mathrm{e}^{\mathrm{j}\omega t}\mathrm{d}\omega+\frac{1}{2\pi}\int_{-\infty}^{+\infty}\left[\frac{\cos\omega t}{\mathrm{j}\omega}+\frac{\sin\omega t}{\omega}\right]\mathrm{d}\omega=\frac{1}{2}+\frac{1}{\pi}\int_{0}^{+\infty}\frac{\sin\omega t}{\omega}\mathrm{d}\omega.$$

根据狄利克雷积分,即 $\int_0^{+\infty}\frac{\sin\omega}{\omega}\mathrm{d}\omega=\frac{\pi}{2}$,可得

$$\int_0^{+\infty}\frac{\sin\omega t}{\omega}\mathrm{d}\omega=\begin{cases}-\frac{\pi}{2}, & t<0,\\ 0, & t=0,\\ \frac{\pi}{2}, & t>0.\end{cases}$$

将此结果代入 $f(t)$表达式,可得

$$f(t)=\frac{1}{2}+\frac{1}{\pi}\int_0^{+\infty}\frac{\sin\omega t}{\omega}\mathrm{d}\omega=\begin{cases}0, & t<0,\\ 1, & t>0\end{cases}=u(t).$$

根据这种方法我们还能得到

$$\mathscr{F}^{-1}[2\pi\delta(\omega)]=\frac{1}{2\pi}\int_{-\infty}^{+\infty}2\pi\delta(\omega)\cdot\mathrm{e}^{\mathrm{j}\omega t}\mathrm{d}\omega=\mathrm{e}^{\mathrm{j}\omega t}\Big|_{\omega=0}=1.$$

于是,1 和 $2\pi\delta(\omega)$也构成一个傅里叶变换对.

同理,$\mathrm{e}^{\mathrm{j}\omega_0 t}$与 $2\pi\delta(\omega-\omega_0)$也构成傅里叶变换对,即

$$\int_{-\infty}^{+\infty}\mathrm{e}^{\mathrm{j}\omega t_0}\cdot\mathrm{e}^{-\mathrm{j}\omega t}\mathrm{d}t=\int_{-\infty}^{+\infty}\mathrm{e}^{-\mathrm{j}(\omega-\omega_0)t}\mathrm{d}t=2\pi\delta(\omega-\omega_0).$$

例 1.8 求函数 $f(t)=\cos\omega_0 t$ 的傅里叶变换.

解:由式(1.7)(傅里叶变换),得

$$F(\omega)=\int_{-\infty}^{+\infty}\cos\omega_0 t\cdot\mathrm{e}^{-\mathrm{j}\omega t}\mathrm{d}t=\int_{-\infty}^{+\infty}\frac{\mathrm{e}^{\mathrm{j}\omega_0 t}+\mathrm{e}^{-\mathrm{j}\omega_0 t}}{2}\mathrm{e}^{-\mathrm{j}\omega t}\mathrm{d}t$$

$$=\frac{1}{2}\left[\int_{-\infty}^{+\infty}\mathrm{e}^{-\mathrm{j}(\omega-\omega_0)t}\mathrm{d}t+\int_{-\infty}^{+\infty}\mathrm{e}^{-\mathrm{j}(\omega+\omega_0)t}\mathrm{d}t\right]=\pi[\delta(\omega-\omega_0)+\delta(\omega+\omega_0)].$$

同理,函数 $f(t)=\sin\omega_0 t$ 的傅里叶变换为 $F(\omega)=\pi\mathrm{j}[\delta(\omega+\omega_0)-\delta(\omega-\omega_0)]$.

例 1.9 求 $\delta'(t+1)$的傅里叶变换.

解:根据式(1.16),结合分部积分法,有

$$\mathscr{F}[\delta'(t+1)]=\int_{-\infty}^{+\infty}\delta'(t+1)\cdot\mathrm{e}^{-\mathrm{j}\omega t}\mathrm{d}t=\delta(t+1)\mathrm{e}^{-\mathrm{j}\omega t}\Big|_{-\infty}^{+\infty}+\mathrm{j}\omega\int_{-\infty}^{+\infty}\delta(t+1)\cdot\mathrm{e}^{-\mathrm{j}\omega t}\mathrm{d}t$$

$$=\mathrm{j}\omega\int_{-\infty}^{+\infty}\delta(t+1)\cdot\mathrm{e}^{-\mathrm{j}\omega t}\mathrm{d}t=\mathrm{j}\omega\mathrm{e}^{-\mathrm{j}\omega t}\Big|_{t=-1}=\mathrm{j}\omega\mathrm{e}^{\mathrm{j}\omega}.$$

除上面方法外,我们也可以利用式(1.17)求解,即

$$\mathscr{F}[\delta'(t+1)]=\int_{-\infty}^{+\infty}\delta'(t+1)\cdot\mathrm{e}^{-\mathrm{j}\omega t}\mathrm{d}t=-\frac{\mathrm{d}}{\mathrm{d}t}(\mathrm{e}^{-\mathrm{j}\omega t})\Big|_{t=-1}=\mathrm{j}\omega\mathrm{e}^{-\mathrm{j}\omega t}\Big|_{t=-1}=\mathrm{j}\omega\mathrm{e}^{\mathrm{j}\omega}.$$

第三节 傅里叶变换的性质

这一节将介绍傅里叶变换的几个重要性质. 在这里我们假定凡是需要求傅里叶变换的函数都满足傅里叶积分定理中的条件,且 $F_1(\omega)=\mathscr{F}[f_1(t)]$,$F_2(\omega)=\mathscr{F}[f_2(t)]$.

一、线性性质

$$\mathscr{F}[\alpha f_1(t)+\beta f_2(t)]=\alpha F_1(\omega)+\beta F_2(\omega), \tag{1.19}$$

或

$$\mathscr{F}^{-1}[\alpha F_1(\omega)+\beta F_2(\omega)]=\alpha f_1(t)+\beta f_2(t). \tag{1.20}$$

其中,α,β为任意常数.

线性性质的证明只需利用定义结合积分性质就可得出,这个性质表明函数线性组合的傅里叶变换等于各函数傅里叶变换的线性组合.也就是说,傅里叶变换是一种线性变换,它满足叠加原理,所以把这个性质也称为叠加性质.这个性质的物理意义是函数(或信号)可以叠加,并且变换后振幅可以叠加;而信号逆变换后振幅的叠加可以变为信号的叠加.

例 1.10 求函数 $f(t)=\sin^2 t$ 的傅里叶变换.

解:$\sin^2 t=\frac{1}{2}(1-\cos 2t)$,应用式(1.19),可得

$$\mathscr{F}[f(t)]=\mathscr{F}[\sin^2 t]=\frac{1}{2}\mathscr{F}[1]-\frac{1}{2}\mathscr{F}[\cos 2t]=\pi\delta(\omega)-\frac{\pi}{2}[\delta(\omega+2)+\delta(\omega-2)].$$

二、对称性质

若已知 $F(\omega)=\mathscr{F}[f(t)]$,则有

$$\mathscr{F}[F(t)]=2\pi f(-\omega). \tag{1.21}$$

证:因为 $F(\omega)=\mathscr{F}[f(t)]$,根据式(1.8)(傅里叶逆变换定义),有

$$f(t)=\mathscr{F}^{-1}[F(\omega)]=\frac{1}{2\pi}\int_{-\infty}^{+\infty}F(\omega)e^{j\omega t}d\omega=\frac{1}{2\pi}\int_{-\infty}^{+\infty}F(p)e^{jpt}dp.$$

在上式中,令 $t=-\omega$,得

$$f(-\omega)=\frac{1}{2\pi}\int_{-\infty}^{+\infty}F(p)e^{-j\omega p}dp=\frac{1}{2\pi}\int_{-\infty}^{+\infty}F(t)e^{-j\omega t}dt=\frac{1}{2\pi}\mathscr{F}[F(t)],$$

即

$$\mathscr{F}[F(t)]=2\pi f(-\omega).$$

特别地,若 $f(t)$ 为偶函数,则

$$\mathscr{F}[F(t)]=2\pi f(-\omega)\to\mathscr{F}[F(t)]=2\pi f(\omega). \tag{1.22}$$

由此可知,当 $f(t)$ 与 $F(\omega)$ 构成一个傅里叶变换对,且当 $f(t)$ 为偶函数时,仍可见傅里叶变换具有一定程度的对称性.

例 1.11 通过求函数 $f(t)=e^{-\frac{|t|}{2}}$ 的傅里叶变换,求函数 $\frac{1}{1+4t^2}$ 的傅里叶变换.

解:注意到 $f(t)$ 为偶函数,则其傅里叶变换为

$$F(\omega)=\int_{-\infty}^{+\infty}e^{-\frac{|t|}{2}}e^{-j\omega t}dt=2\int_{0}^{+\infty}e^{-\frac{t}{2}}\cos\omega t\,dt=\frac{4}{1+4\omega^2}.$$

应用式(1.21),得

$$\mathscr{F}\left[\frac{1}{1+4t^2}\right]=\frac{1}{4}\mathscr{F}[F(t)]=\frac{\pi}{2}f(-\omega)=\frac{\pi}{2}e^{-\frac{|\omega|}{2}}.$$

例 1.12 利用对称性质,证明狄利克雷积分 $\int_0^{+\infty}\frac{\sin t}{t}\mathrm{d}t=\frac{\pi}{2}$.

证:设 $f(t)$为单个矩形脉冲函数,即

$$f(t)=\begin{cases}E, & |t|\leqslant\frac{\tau}{2},\\ 0, & |t|>\frac{\tau}{2},\end{cases}\quad(\tau>0).$$

它的傅里叶变换为

$$F(\omega)=\mathscr{F}[f(t)]=\int_{-\infty}^{+\infty}f(t)\mathrm{e}^{-\mathrm{j}\omega t}\mathrm{d}t=\int_{-\frac{\tau}{2}}^{\frac{\tau}{2}}E\mathrm{e}^{-\mathrm{j}\omega t}\mathrm{d}t=\frac{2E}{\omega}\sin\frac{\omega\tau}{2}.$$

又因为 $f(t)$为偶函数,根据式(1.22),可得

$$\mathscr{F}[F(t)]=\int_{-\infty}^{+\infty}\frac{2E}{t}\sin\frac{\tau t}{2}\mathrm{e}^{-\mathrm{j}\omega t}\mathrm{d}t=2\pi f(\omega),$$

即

$$2E\int_{-\infty}^{+\infty}\frac{\sin\frac{\tau t}{2}\cos\omega t}{t}\mathrm{d}t=\begin{cases}2\pi E, & |\omega|<\frac{\tau}{2},\\ 0, & |\omega|>\frac{\tau}{2}.\end{cases}$$

在上式中,令 $\omega=0,\tau=2$,得

$$4E\int_0^{+\infty}\frac{\sin t}{t}\mathrm{d}t=2\pi E,$$

即

$$\int_0^{+\infty}\frac{\sin t}{t}\mathrm{d}t=\frac{\pi}{2}.$$

三、位移性质

$$\mathscr{F}[f(t\pm t_0)]=\mathrm{e}^{\pm\mathrm{j}\omega t_0}F(\omega).\tag{1.23}$$

证:根据式(1.7),有

$$\mathscr{F}[f(t\pm t_0)]=\int_{-\infty}^{+\infty}f(t\pm t_0)\mathrm{e}^{-\mathrm{j}\omega t}\mathrm{d}t.$$

作 $u=t\pm t_0$ 的代换,得

$$\mathscr{F}[f(t\pm t_0)]=\int_{-\infty}^{+\infty}f(u)\mathrm{e}^{-\mathrm{j}\omega(u\mp t_0)}\mathrm{d}u=\mathrm{e}^{\pm\mathrm{j}\omega t_0}\int_{-\infty}^{+\infty}f(u)\mathrm{e}^{-\mathrm{j}\omega u}\mathrm{d}u=\mathrm{e}^{\pm\mathrm{j}\omega t_0}F(\omega).$$

这个性质在无线电技术中被称为时移性,它表示时间函数 $f(t)$沿时间轴 t 向左或向右平移 t_0 后的傅里叶变换等于 $f(t)$的傅里叶变换乘以因子 $\mathrm{e}^{\mathrm{j}\omega t_0}$ 或 $\mathrm{e}^{-\mathrm{j}\omega t_0}$.

同样,象函数也具有类似的位移性质,即

$$\mathscr{F}^{-1}[F(\omega\mp\omega_0)]=\mathrm{e}^{\pm\mathrm{j}\omega_0 t}f(t).\tag{1.24}$$

证:$\mathscr{F}[\mathrm{e}^{\pm\mathrm{j}\omega_0 t}f(t)]=\int_{-\infty}^{+\infty}\mathrm{e}^{\pm\mathrm{j}\omega_0 t}f(t)\mathrm{e}^{-\mathrm{j}\omega t}\mathrm{d}t=\int_{-\infty}^{+\infty}f(t)\mathrm{e}^{-\mathrm{j}(\omega\mp\omega_0)t}\mathrm{d}t=F(\omega\mp\omega_0).$

于是,结论得证.

这个性质在无线电技术中被称为频移性,它表示频谱函数 $F(\omega)$沿 ω 轴向右或向左平

移 ω_0 后的傅里叶逆变换等于象原函数 $f(t)$ 乘以因子 $e^{j\omega_0 t}$ 和 $e^{-j\omega_0 t}$.

例 1.13 求矩形单脉冲 $f(t)=\begin{cases}E, & 0<t<\tau,\\ 0, & 其他\end{cases}$ 的频谱函数 $F(\omega)$.

解：由例 1.6 可知，单个矩形单脉冲

$$f_1(t)=\begin{cases}E, & -\frac{\tau}{2}<t<\frac{\tau}{2},\\ 0, & 其他\end{cases}$$

的频谱函数为

$$F_1(\omega)=\frac{2E}{\omega}\sin\frac{\omega\tau}{2}.$$

利用式(1.23)，得

$$F(\omega)=\mathscr{F}[f(t)]=\mathscr{F}\left[f_1\left(t-\frac{\tau}{2}\right)\right]=e^{-j\omega\frac{\tau}{2}}F_1(\omega)=\frac{2E}{\omega}e^{-j\frac{\omega\tau}{2}}\sin\frac{\omega\tau}{2}.$$

例 1.14 设 $\mathscr{F}[f(t)]=F(\omega)$，求 $\mathscr{F}[f(t)\sin\omega_0 t]$.

解：由欧拉公式及式(1.24)，得

$$\mathscr{F}[f(t)\sin\omega_0 t]=\frac{1}{2j}\mathscr{F}[f(t)(e^{j\omega_0 t}-e^{-j\omega_0 t})]=\frac{j}{2}[F(\omega+\omega_0)-F(\omega-\omega_0)].$$

四、相似性质

$$\mathscr{F}[f(at)]=\frac{1}{|a|}F\left(\frac{\omega}{a}\right),\quad a\neq 0. \tag{1.25}$$

证：由式(1.7)，有

$$\mathscr{F}[f(at)]=\int_{-\infty}^{+\infty}f(at)e^{-j\omega t}dt,$$

当 $a>0$，作代换 $u=at$，得

$$\mathscr{F}[f(at)]=\frac{1}{a}\int_{-\infty}^{+\infty}f(u)e^{-j\omega\frac{u}{a}}du=\frac{1}{a}F\left(\frac{\omega}{a}\right).$$

当 $a<0$，有

$$\mathscr{F}[f(at)]=\frac{1}{a}\int_{+\infty}^{-\infty}f(u)e^{-j\omega\frac{u}{a}}du=-\frac{1}{a}F\left(\frac{\omega}{a}\right).$$

所以，当 $a\neq 0$ 时，

$$\mathscr{F}[f(at)]=\frac{1}{|a|}F\left(\frac{\omega}{a}\right).$$

同样，象函数也具有相似性质，即

$$\mathscr{F}^{-1}[F(a\omega)]=\frac{1}{|a|}f\left(\frac{t}{a}\right),\quad a\neq 0. \tag{1.26}$$

证明略.

例 1.15 设 $\mathscr{F}[f(t)]=F(\omega)$，求 $\mathscr{F}[f(2t-3)]$.

解：由式(1.25)得

$$\mathscr{F}[f(2t)]=\frac{1}{2}F\left(\frac{\omega}{2}\right).$$

又

$$f(2t-3)=f\left[2\left(t-\frac{3}{2}\right)\right],$$

再由位移性质，得

$$\mathscr{F}[f(2t-3)]=\frac{1}{2}\mathrm{e}^{-\frac{3}{2}\mathrm{j}\omega}F\left(\frac{\omega}{2}\right).$$

五、微分性质

若 $f(t)$在$(-\infty,+\infty)$上连续，或者只有有限个可去间断点，且当$|t|\to+\infty$时，$f(t)\to 0$，则

$$\mathscr{F}[f'(t)]=\mathrm{j}\omega F(\omega)=\mathrm{j}\omega\mathscr{F}[f(t)]. \tag{1.27}$$

证：由式(1.7)得

$$\mathscr{F}[f'(t)]=\int_{-\infty}^{+\infty}f'(t)\mathrm{e}^{-\mathrm{j}\omega t}\mathrm{d}t=f(t)\mathrm{e}^{-\mathrm{j}\omega t}\Big|_{-\infty}^{+\infty}+\mathrm{j}\omega\int_{-\infty}^{+\infty}f(t)\mathrm{e}^{-\mathrm{j}\omega t}\mathrm{d}t.$$

因为 ω,t 都为实数，所以$|\mathrm{e}^{-\mathrm{j}\omega t}|=1$，$|f(t)\mathrm{e}^{-\mathrm{j}\omega t}|=|f(t)|$，由假设条件知，上式右端第一项为零，故

$$\mathscr{F}[f'(t)]=\mathrm{j}\omega F(\omega)=\mathrm{j}\omega\mathscr{F}[f(t)].$$

这个性质说明一个函数导数的傅里叶变换等于这个函数的傅里叶变换乘以因子 $\mathrm{j}\omega$.

推论 如果 $f^{(k)}(t)$在$(-\infty,+\infty)$上连续或只有有限个可去间断点，且 $\lim\limits_{|t|\to+\infty}f^{(k)}(t)=0$ $(k=0,1,\cdots,n-1)$，则

$$\mathscr{F}[f^{(n)}(t)]=(\mathrm{j}\omega)^nF(\omega). \tag{1.28}$$

除此以外，我们还可以得到象函数的微分公式

$$\frac{\mathrm{d}}{\mathrm{d}\omega}F(\omega)=\mathscr{F}[-\mathrm{j}tf(t)]. \tag{1.29}$$

证：$F(\omega)=\int_{-\infty}^{+\infty}f(t)\mathrm{e}^{-\mathrm{j}\omega t}\mathrm{d}t$，

$$\frac{\mathrm{d}}{\mathrm{d}\omega}F(\omega)=\int_{-\infty}^{+\infty}f(t)(\mathrm{e}^{-\mathrm{j}\omega t})'\mathrm{d}t=\int_{-\infty}^{+\infty}-\mathrm{j}tf(t)\mathrm{e}^{-\mathrm{j}\omega t}\mathrm{d}t=\mathscr{F}[-\mathrm{j}tf(t)].$$

更一般地，还有

$$\frac{\mathrm{d}^n}{\mathrm{d}\omega^n}F(\omega)=(-\mathrm{j})^n\mathscr{F}[t^nf(t)],\quad n=1,2,3,\cdots.$$

在实际应用中，经常利用象函数的微分性质来计算 $\mathscr{F}[t^nf(t)]$，我们也可以把上式写成下面形式

$$\mathscr{F}[t^nf(t)]=\mathrm{j}^n\frac{\mathrm{d}^n}{\mathrm{d}\omega^n}F(\omega),\quad n=1,2,3,\cdots. \tag{1.30}$$

例 1.16 求函数 $f_1(t)=t\sin t$ 和 $f_2(t)=t^2u(t)$的傅里叶变换.

解：设 $F_1(\omega)=\mathscr{F}[f_1(t)]$，根据式(1.29)，有

$$F_1(\omega)=\mathscr{F}[t\sin t]=\mathrm{j}\frac{\mathrm{d}}{\mathrm{d}\omega}\mathscr{F}[\sin t].$$

又由于

$$\mathscr{F}[\sin t] = \mathrm{j}\pi[\delta(\omega+1) - \delta(\omega-1)],$$

所以

$$F_1(\omega) = -\pi[\delta'(\omega+1) - \delta'(\omega-1)] = \pi[\delta'(\omega-1) - \delta'(\omega+1)].$$

设 $F_2(\omega)=\mathscr{F}[f_2(t)]$，由 $\mathscr{F}[u(t)]=\frac{1}{\mathrm{j}\omega}+\pi\delta(\omega)=U(\omega)$ 及式(1.30)，取 $n=2$，有

$$F_2(\omega) = \mathscr{F}[f_2(t)] = \mathrm{j}^2U''(\omega) = -\left[-\frac{1}{\mathrm{j}\omega^2} + \pi\delta'(\omega)\right]' = -\frac{2}{\mathrm{j}\omega^3} - \pi\delta''(\omega).$$

六、积分性质

如果 $t\to+\infty$ 时，$g(t)=\int_{-\infty}^{t} f(t)\mathrm{d}t \to 0$，则

$$\mathscr{F}\left[\int_{-\infty}^{t} f(t)\mathrm{d}t\right] = \frac{1}{\mathrm{j}\omega}\mathscr{F}[f(t)] = \frac{1}{\mathrm{j}\omega}F(\omega). \tag{1.31}$$

证：由于

$$\frac{\mathrm{d}}{\mathrm{d}t}\int_{-\infty}^{t} f(t)\mathrm{d}t = f(t),$$

所以

$$\mathscr{F}\left[\frac{\mathrm{d}}{\mathrm{d}t}\int_{-\infty}^{t} f(t)\mathrm{d}t\right] = \mathscr{F}[f(t)].$$

根据式(1.28)，有

$$\mathscr{F}\left[\frac{\mathrm{d}}{\mathrm{d}t}\int_{-\infty}^{t} f(t)\mathrm{d}t\right] = \mathscr{F}[f(t)] = \mathrm{j}\omega\mathscr{F}\left[\int_{-\infty}^{t} f(t)\mathrm{d}t\right],$$

所以

$$\mathscr{F}\left[\int_{-\infty}^{t} f(t)\mathrm{d}t\right] = \frac{1}{\mathrm{j}\omega}\mathscr{F}[f(t)] = \frac{1}{\mathrm{j}\omega}F(\omega).$$

这个性质说明，一个函数积分后的傅里叶变换等于这个函数的傅里叶变换除以因子 $\mathrm{j}\omega$.
此性质还可推广为

$$\mathscr{F}\Big[\underbrace{\int_{-\infty}^{t}\mathrm{d}t\cdots\int_{-\infty}^{t}}_{n\text{个}} f(t)\mathrm{d}t\Big] = \frac{1}{(\mathrm{j}\omega)^n}\mathscr{F}[f(t)] = \frac{1}{(\mathrm{j}\omega)^n}F(\omega).$$

例 1.17 求微分积分方程 $ax'(t)+bx(t)+c\int_{-\infty}^{t} x(t)\mathrm{d}t = h(t)$ 的解 $x(t)$，其中 $-\infty<t<+\infty$，a,b,c 均为常数.

解：记 $\mathscr{F}[x(t)]=X(\omega)$，$\mathscr{F}[h(t)]=H(\omega)$，对上述方程两端取傅里叶变换，且利用傅里叶变换的微分性质和积分性质，可得

$$a\mathrm{j}\omega X(\omega) + bX(\omega) + \frac{c}{\mathrm{j}\omega}X(\omega) = H(\omega),$$

$$X(\omega) = \frac{H(\omega)}{b+\mathrm{j}\left(a\omega - \frac{c}{\omega}\right)}.$$

取上式的傅里叶逆变换，得

$$x(t)=\frac{1}{2\pi}\int_{-\infty}^{+\infty}X(\omega)\mathrm{e}^{\mathrm{j}\omega t}\mathrm{d}\omega=\frac{1}{2\pi}\int_{-\infty}^{+\infty}\frac{H(\omega)}{b+\mathrm{j}\left(a\omega-\frac{c}{\omega}\right)}\mathrm{e}^{\mathrm{j}\omega t}\mathrm{d}\omega.$$

*七、乘积定理

若记 $F_1(\omega)=\mathscr{F}[f_1(t)]$, $F_2(\omega)=\mathscr{F}[f_2(t)]$，则有

$$\int_{-\infty}^{+\infty}f_1(t)f_2(t)\mathrm{d}t=\frac{1}{2\pi}\int_{-\infty}^{+\infty}\overline{F_1(\omega)}F_2(\omega)\mathrm{d}\omega=\frac{1}{2\pi}\int_{-\infty}^{+\infty}F_1(\omega)\overline{F_2(\omega)}\mathrm{d}\omega. \tag{1.32}$$

其中，$\overline{F_1(\omega)}$，$\overline{F_2(\omega)}$分别表示 $F_1(\omega)$，$F_2(\omega)$的复共轭函数.

证：因为$\int_{-\infty}^{+\infty}f_1(t)f_2(t)\mathrm{d}t=\int_{-\infty}^{+\infty}f_1(t)\left[\frac{1}{2\pi}\int_{-\infty}^{+\infty}F_2(\omega)\mathrm{e}^{\mathrm{j}\omega t}\mathrm{d}\omega\right]\mathrm{d}t$

$$=\frac{1}{2\pi}\int_{-\infty}^{+\infty}\left[\int_{-\infty}^{+\infty}f_1(t)\mathrm{e}^{\mathrm{j}\omega t}\mathrm{d}t\right]F_2(\omega)\mathrm{d}\omega,$$

由于 $\mathrm{e}^{\mathrm{j}\omega t}=\overline{\mathrm{e}^{-\mathrm{j}\omega t}}$，并且 $f_1(t)$是 t 的实函数，所以

$$f_1(t)\mathrm{e}^{\mathrm{j}\omega t}=\overline{f_1(t)}\ \overline{\mathrm{e}^{-\mathrm{j}\omega t}}=\overline{f_1(t)\mathrm{e}^{-\mathrm{j}\omega t}}.$$

故

$$\int_{-\infty}^{+\infty}f_1(t)f_2(t)\mathrm{d}t=\frac{1}{2\pi}\int_{-\infty}^{+\infty}\left[\int_{-\infty}^{+\infty}\overline{f_1(t)\mathrm{e}^{-\mathrm{j}\omega t}}\mathrm{d}t\right]F_2(\omega)\mathrm{d}\omega=\frac{1}{2\pi}\int_{-\infty}^{+\infty}\overline{F_1(\omega)}F_2(\omega)\mathrm{d}\omega.$$

同理可证

$$\int_{-\infty}^{+\infty}f_1(t)f_2(t)\mathrm{d}t=\frac{1}{2\pi}\int_{-\infty}^{+\infty}F_1(\omega)\overline{F_2(\omega)}\mathrm{d}\omega.$$

*八、帕塞瓦尔(Parseval)定理

若记 $F(\omega)=\mathscr{F}[f(t)]$，则有

$$\int_{-\infty}^{+\infty}[f(t)]^2\mathrm{d}t=\frac{1}{2\pi}\int_{-\infty}^{+\infty}|F(\omega)|^2\mathrm{d}\omega. \tag{1.33}$$

证：在乘积定理式(1.32)中，令 $f_1(t)=f_2(t)=f(t)$，则

$$\int_{-\infty}^{+\infty}[f(t)]^2\mathrm{d}t=\frac{1}{2\pi}\int_{-\infty}^{+\infty}\overline{F(\omega)}F(\omega)\mathrm{d}\omega=\frac{1}{2\pi}\int_{-\infty}^{+\infty}|F(\omega)|^2\mathrm{d}\omega=\frac{1}{2\pi}\int_{-\infty}^{+\infty}S(\omega)\mathrm{d}\omega.$$

其中，$S(\omega)=|F(\omega)|^2$ 称为函数 $f(t)$的**能量密度函数**(或称**能量谱密度**)，它可以决定函数 $f(t)$的能量分布规律.

在实际应用中，积分$\int_{-\infty}^{+\infty}[f(t)]^2\mathrm{d}t$与$\int_{-\infty}^{+\infty}|F(\omega)|^2\mathrm{d}\omega$都可以表示某种能量. 本性质表明，对能量的计算既可在时间域进行，也可在相应的频率域进行，两者完全等价. 所以，这个定理有时也称为能量积分或瑞利(Rayleigh)定理.

利用该性质可计算较为复杂的积分.

例 1.18 计算$\int_{-\infty}^{+\infty}\frac{\sin^2 t}{t^2}\mathrm{d}t$.

解：记 $F(\omega)=\frac{\sin\omega}{\omega}$，已知单个方脉冲函数

$$f(t)=\begin{cases}E, & |t|<\dfrac{\tau}{2},\\ 0, & |t|\geqslant\dfrac{\tau}{2}\end{cases}$$

的傅里叶变换为

$$\mathscr{F}[f(t)]=\frac{2E}{\omega}\sin\frac{\omega\tau}{2}.$$

若令 $E=\dfrac{1}{2}$，$\tau=2$，则单个矩形脉冲函数

$$f(t)=\begin{cases}\dfrac{1}{2}, & |t|<1,\\ 0, & |t|>1\end{cases}$$

的傅里叶变换为

$$\mathscr{F}[f(t)]=\frac{\sin\omega}{\omega}=F(\omega).$$

再由式(1.33)，有

$$\int_{-\infty}^{+\infty}\frac{\sin^2 t}{t^2}\mathrm{d}t=\int_{-\infty}^{+\infty}\frac{\sin^2\omega}{\omega^2}\mathrm{d}\omega=2\pi\int_{-\infty}^{+\infty}[f(t)]^2\mathrm{d}t=2\pi\int_{-1}^{1}\left(\frac{1}{2}\right)^2\mathrm{d}t=\pi.$$

另外，记 $F(t)=\dfrac{\sin t}{t}$，由傅里叶变换的对称性质式(1.21)，得

$$\mathscr{F}[F(t)]=2\pi f(-\omega).$$

又因为 $f(t)$ 是偶函数，所以

$$\mathscr{F}[F(t)]=\mathscr{F}\left[\frac{\sin t}{t}\right]=2\pi f(\omega)=\begin{cases}2\pi\cdot\dfrac{1}{2}=\pi, & |\omega|<1,\\ 0, & |\omega|>1.\end{cases}$$

再由式(1.33)，有

$$\int_{-\infty}^{+\infty}\frac{\sin^2 t}{t^2}\mathrm{d}t=\frac{1}{2\pi}\int_{-\infty}^{+\infty}\left|\mathscr{F}\left[\frac{\sin t}{t}\right]\right|^2\mathrm{d}\omega=\frac{1}{2\pi}\int_{-1}^{1}\pi^2\mathrm{d}\omega=\pi.$$

这个例子说明，积分的被积函数具有 $[f(t)]^2$ 形式时，把 $f(t)$ 看作象函数或象原函数都可以求得积分的结果.

例 1.19 计算 $\displaystyle\int_{-\infty}^{+\infty}\frac{\mathrm{d}t}{(1+t^2)^2}$.

解：已知指数衰减函数

$$f(t)=\begin{cases}0, & t<0,\\ \mathrm{e}^{-at}, & t\geqslant 0,\end{cases}\quad (a>0)$$

的傅里叶变换为

$$F(\omega)=\mathscr{F}[f(t)]=\frac{1}{a+\mathrm{j}\omega}=\frac{a-\mathrm{j}\omega}{a^2+\omega^2}.$$

另外，

$$F(\omega)=\int_{-\infty}^{+\infty}f(t)\mathrm{e}^{-\mathrm{j}\omega t}\mathrm{d}t=\int_{0}^{+\infty}\mathrm{e}^{-at}\mathrm{e}^{-\mathrm{j}\omega t}\mathrm{d}t=\int_{0}^{+\infty}\mathrm{e}^{-a|t|}\mathrm{e}^{-\mathrm{j}\omega t}\mathrm{d}t.$$

故

$$F(-\omega)=\int_0^{+\infty}\mathrm{e}^{-at}\mathrm{e}^{\mathrm{j}\omega t}\,\mathrm{d}t=\int_0^{-\infty}\mathrm{e}^{at}\mathrm{e}^{-\mathrm{j}\omega t}(-\,\mathrm{d}t)=\int_{-\infty}^0\mathrm{e}^{-a|t|}\mathrm{e}^{-\mathrm{j}\omega t}\,\mathrm{d}t.$$

于是，得

$$\mathscr{F}[\mathrm{e}^{-a|t|}]=\int_{-\infty}^{+\infty}\mathrm{e}^{-a|t|}\mathrm{e}^{\mathrm{j}\omega t}\,\mathrm{d}t=F(\omega)+F(-\omega)=\frac{a-\mathrm{j}\omega}{a^2+\omega^2}+\frac{a+\mathrm{j}\omega}{a^2+\omega^2}=\frac{2a}{a^2+\omega^2}.$$

由式(1.33)，得

$$\frac{1}{2\pi}\int_{-\infty}^{+\infty}\frac{4a^2}{(a^2+\omega^2)^2}\mathrm{d}\omega=\int_{-\infty}^{+\infty}\mathrm{e}^{-2a|t|}\,\mathrm{d}t=2\int_0^{+\infty}\mathrm{e}^{-2at}\,\mathrm{d}t=2\left(-\frac{1}{2a}\mathrm{e}^{-2at}\Big|_0^{\infty}\right)=\frac{1}{a}.$$

令 $a=1,\omega=t$，得

$$\int_{-\infty}^{+\infty}\frac{\mathrm{d}t}{(1+t^2)^2}=\frac{\pi}{2}.$$

第四节　卷积和卷积定理

卷积是由含参变量的广义积分定义的函数，与傅里叶变换有着密切的关系. 它的运算性质可以使傅里叶变换得到更广泛的应用. 在本节中，我们将引入卷积的概念，讨论卷积的性质及一些简单的应用.

一、卷积及其性质

1. 卷积定义

设函数 $f_1(t),f_2(t)$ 在 $(-\infty,+\infty)$ 内有定义，若对于任意的 t，积分 $\int_{-\infty}^{+\infty}f_1(\tau)f_2(t-\tau)\mathrm{d}\tau$ 都收敛，则称此积分为 $f_1(t)$ 与 $f_2(t)$ 的卷积，记作 $f_1(t)*f_2(t)$，即

$$f_1(t)*f_2(t)=\int_{-\infty}^{+\infty}f_1(\tau)f_2(t-\tau)\mathrm{d}\tau.\tag{1.34}$$

由卷积的定义可得卷积不等式

$$|f_1(t)*f_2(t)|\leqslant|f_1(t)|*|f_2(t)|.$$

2. 卷积运算性质

性质 1

$$f_1(t)*f_2(t)=f_2(t)*f_1(t).\tag{1.35}$$

性质 2

$$f_1(t)*[f_2(t)*f_3(t)]=[f_1(t)*f_2(t)]*f_3(t).\tag{1.36}$$

性质 3

$$f_1(t)*[f_2(t)+f_3(t)]=f_1(t)*f_2(t)+f_1(t)*f_3(t).\tag{1.37}$$

推广

$$f_1(t)*[mf_2(t)+nf_3(t)]=mf_1(t)*f_2(t)+nf_1(t)*f_3(t).$$

以上性质证明从略.

性质 4

$$\frac{\mathrm{d}}{\mathrm{d}t}[f_1(t)*f_2(t)]=f_1(t)*\frac{\mathrm{d}}{\mathrm{d}t}f_2(t)=\frac{\mathrm{d}}{\mathrm{d}t}f_1(t)*f_2(t).\tag{1.38}$$

证：由式(1.34)，得

$$\frac{\mathrm{d}}{\mathrm{d}t}[f_1(t)*f_2(t)]=\frac{\mathrm{d}}{\mathrm{d}t}\int_{-\infty}^{+\infty}f_1(\tau)f_2(t-\tau)\mathrm{d}\tau=\int_{-\infty}^{+\infty}f_1(\tau)\frac{\mathrm{d}}{\mathrm{d}t}f_2(t-\tau)\mathrm{d}\tau$$

$$=f_1(t)*\frac{\mathrm{d}}{\mathrm{d}t}f_2(t).$$

同理可证

$$\frac{\mathrm{d}}{\mathrm{d}t}[f_1(t)*f_2(t)]=\frac{\mathrm{d}}{\mathrm{d}t}f_1(t)*f_2(t).$$

性质 5

$$\int_{-\infty}^{t}f_1(\xi)*f_2(\xi)\mathrm{d}\xi=f_1(t)*\int_{-\infty}^{t}f_2(\xi)\mathrm{d}\xi=\int_{-\infty}^{t}f_1(\xi)\mathrm{d}\xi*f_2(t).\tag{1.39}$$

证：$\int_{-\infty}^{t}f_1(\xi)*f_2(\xi)\mathrm{d}\xi=\int_{-\infty}^{t}\int_{-\infty}^{+\infty}f_1(\tau)f_2(\xi-\tau)\mathrm{d}\tau\mathrm{d}\xi=\int_{-\infty}^{+\infty}f_1(\tau)\int_{-\infty}^{t}f_2(\xi-\tau)\mathrm{d}\xi\mathrm{d}\tau$

$$=\int_{-\infty}^{+\infty}f_1(\tau)\int_{-\infty}^{t-\tau}f_2(u)\mathrm{d}u\mathrm{d}\tau=f_1(t)*\int_{-\infty}^{t}f_2(\xi)\mathrm{d}\xi,\quad \text{令 } u=\xi-\tau.$$

同理可证

$$\int_{-\infty}^{t}f_1(\xi)*f_2(\xi)\mathrm{d}\xi=\int_{-\infty}^{t}f_1(\xi)\mathrm{d}\xi*f_2(t).$$

性质 6　设 $g(t)=f_1(t)*f_2(t)$，则

$$f_1(at)*f_2(at)=\frac{1}{|a|}g(at),\quad a\neq 0.\tag{1.40}$$

证：$g(t)=f_1(t)*f_2(t)=\int_{-\infty}^{+\infty}f_1(\tau)f_2(t-\tau)\mathrm{d}\tau$，于是

$$g(at)=\int_{-\infty}^{+\infty}f_1(\tau)f_2(at-\tau)\mathrm{d}\tau.$$

当 $a>0$ 时，

$$f_1(at)*f_2(at)=\int_{-\infty}^{+\infty}f_1(a\tau)f_2[a(t-\tau)]\mathrm{d}\tau=\int_{-\infty}^{+\infty}f_1(u)f_2(at-u)\frac{1}{a}\mathrm{d}u$$

$$=\frac{1}{a}g(at),\quad \text{令 } u=a\tau.$$

当 $a<0$ 时，

$$f_1(at)*f_2(at)=\int_{-\infty}^{+\infty}f_1(a\tau)f_2[a(t-\tau)]\mathrm{d}\tau=\int_{+\infty}^{-\infty}f_1(u)f_2(at-u)\frac{1}{a}\mathrm{d}u$$

$$=-\frac{1}{a}\int_{-\infty}^{+\infty}f_1(u)f_2(at-u)\mathrm{d}u=-\frac{1}{a}g(at),\quad \text{令 } u=a\tau.$$

综上可得

$$f_1(at)*f_2(at)=\frac{1}{|a|}g(at).$$

例 1.20　设 $f_1(t)=\begin{cases}0, & t<0,\\ 1, & t\geqslant 0\end{cases}$ 和 $f_2(t)=\begin{cases}0, & t<0,\\ \mathrm{e}^{-t}, & t\geqslant 0,\end{cases}$ 求 $f_1(t)$和 $f_2(t)$的卷积.

解：易知当且仅当$\begin{cases}\tau\geqslant 0\\ t-\tau\geqslant 0\end{cases}$即$\begin{cases}\tau\geqslant 0\\ \tau\leqslant t\end{cases}$时，

$$f_1(\tau)f_2(t-\tau)\neq 0.$$

所以根据式(1.34)，得

$$f_1(t)*f_2(t)=\int_{-\infty}^{+\infty}f_1(\tau)f_2(t-\tau)\mathrm{d}\tau=\int_0^t 1\cdot \mathrm{e}^{-(t-\tau)}\mathrm{d}\tau=\mathrm{e}^{-t}\int_0^t \mathrm{e}^{\tau}\mathrm{d}\tau=1-\mathrm{e}^{-t}.$$

例 1.21　证明 $f(t)*\delta(t)=f(t)$.

证：由卷积的定义，有

$$f(t)*\delta(t)=\int_{-\infty}^{+\infty}f(\tau)\delta(t-\tau)\mathrm{d}\tau=\int_{-\infty}^{+\infty}f(\tau)\delta(\tau-t)\mathrm{d}\tau=f(\tau)\big|_{\tau=t}=f(t).$$

本题还可以利用式(1.35)交换顺序求解，过程如下：

$$f(t)*\delta(t)=\delta(t)*f(t)=\int_{-\infty}^{+\infty}\delta(\tau)f(t-\tau)\mathrm{d}\tau=f(t).$$

二、卷积定理

定理 1.2　设 $f_1(t)$，$f_2(t)$满足傅里叶积分定理中的条件，且

$$F_1(\omega)=\mathscr{F}[f_1(t)],\quad F_2(\omega)=\mathscr{F}[f_2(t)],$$

则

$$\mathscr{F}[f_1(t)*f_2(t)]=F_1(\omega)\cdot F_2(\omega),$$

或

$$\mathscr{F}^{-1}[F_1(\omega)\cdot F_2(\omega)]=f_1(t)*f_2(t). \tag{1.41}$$

证：根据傅里叶变换定义及卷积定义有

$$\begin{aligned}\mathscr{F}[f_1(t)*f_2(t)]&=\int_{-\infty}^{+\infty}[f_1(t)*f_2(t)]\mathrm{e}^{-\mathrm{j}\omega t}\mathrm{d}t=\int_{-\infty}^{+\infty}\left[\int_{-\infty}^{+\infty}f_1(\tau)f_2(t-\tau)\mathrm{d}\tau\right]\mathrm{e}^{-\mathrm{j}\omega t}\mathrm{d}t\\&=\int_{-\infty}^{+\infty}\int_{-\infty}^{+\infty}f_1(\tau)\mathrm{e}^{-\mathrm{j}\omega\tau}f_2(t-\tau)\mathrm{e}^{-\mathrm{j}\omega(t-\tau)}\mathrm{d}\tau\mathrm{d}t\\&=\int_{-\infty}^{+\infty}f_1(\tau)\mathrm{e}^{-\mathrm{j}\omega\tau}\left[\int_{-\infty}^{+\infty}f_2(t-\tau)\mathrm{e}^{-\mathrm{j}\omega(t-\tau)}\mathrm{d}t\right]\mathrm{d}\tau\\&=F_1(\omega)F_2(\omega).\end{aligned}$$

同理可得

$$\mathscr{F}[f_1(t)\cdot f_2(t)]=\frac{1}{2\pi}F_1(\omega)*F_2(\omega).$$

卷积定理可以推广到有限多个函数情形.

如果

$$F_k(\omega)=\mathscr{F}[f_k(t)],\quad k=1,2,\cdots,n,$$

则有

$$\mathscr{F}[f_1(t)*f_2(t)*\cdots*f_n(t)]=F_1(\omega)\cdot F_2(\omega)\cdot\cdots\cdot F_n(\omega),$$

$$\mathscr{F}[f_1(t)\cdot f_2(t)\cdot\cdots\cdot f_n(t)]=\frac{1}{(2\pi)^{n-1}}F_1(\omega)*F_2(\omega)*\cdots*F_n(\omega).$$

在很多情况下，利用卷积的定义来计算卷积是很麻烦的，而卷积定理化卷积运算为乘

积运算,为卷积的运算提供了一种简便的方法.

例 1.22 求 $F(\omega)=\begin{cases}1, & |\omega|\leqslant\omega_0,\\ 0, & |\omega|>\omega_0\end{cases}$ 的傅里叶逆变换,并利用其结果计算,求当 $\alpha,\beta>0$ 时,$f_1(t)=\dfrac{\sin\alpha t}{\pi t}$,$f_2(t)=\dfrac{\sin\beta t}{\pi t}$的卷积.

解:$f(t)=\mathscr{F}^{-1}[F(\omega)]=\dfrac{1}{2\pi}\displaystyle\int_{-\infty}^{+\infty}F(\omega)e^{j\omega t}d\omega=\dfrac{1}{2\pi}\int_{-\omega_0}^{\omega_0}1\cdot e^{j\omega t}d\omega=\dfrac{\sin\omega_0 t}{\pi t}$.

设 $F_1(\omega)=\mathscr{F}[f_1(t)]$,$F_2(\omega)=\mathscr{F}[f_2(t)]$,则

$$F_1(\omega)=\begin{cases}1, & |\omega|\leqslant\alpha,\\ 0, & |\omega|>\alpha,\end{cases}\quad F_2(\omega)=\begin{cases}1, & |\omega|\leqslant\beta,\\ 0, & |\omega|>\beta.\end{cases}$$

因此

$$F_1(\omega)\cdot F_2(\omega)=\begin{cases}1, & |\omega|\leqslant\gamma,\\ 0, & |\omega|>\gamma,\end{cases}\quad 其中\ \gamma=\min\{\alpha,\beta\}.$$

由式(1.41),可得

$$f_1(t)*f_2(t)=\mathscr{F}^{-1}[F_1(\omega)\cdot F_2(\omega)]=\frac{\sin\gamma t}{\pi t},\quad 其中\ \gamma=\min\{\alpha,\beta\}.$$

例 1.23 设 $F(\omega)=\mathscr{F}[f(t)]$,证明

$$\mathscr{F}\left[\int_{-\infty}^{t}f(\tau)d\tau\right]=\frac{F(\omega)}{j\omega}+\pi F(0)\delta(\omega).$$

证:当 $g(t)=\displaystyle\int_{-\infty}^{t}f(\tau)d\tau$ 满足傅里叶积分定理的条件时,由积分性质可得

$$\mathscr{F}\left[\int_{-\infty}^{t}f(\tau)d\tau\right]=\frac{F(\omega)}{j\omega}.$$

对于一般情形,有

$$g(t)=\int_{-\infty}^{t}f(\tau)d\tau=\int_{-\infty}^{+\infty}f(\tau)u(t-\tau)d\tau=f(t)*u(t).$$

利用卷积定理,可得

$$\begin{aligned}\mathscr{F}\left[\int_{-\infty}^{t}f(\tau)d\tau\right]&=\mathscr{F}[f(t)*u(t)]=\mathscr{F}[f(t)]\cdot\mathscr{F}[u(t)]\\&=F(\omega)\cdot\left[\frac{1}{j\omega}+\pi\delta(\omega)\right]=\frac{F(\omega)}{j\omega}+\pi F(\omega)\delta(\omega)\\&=\frac{F(\omega)}{j\omega}+\pi F(0)\delta(\omega).\end{aligned}$$

最后一个式子成立,是因为对任何一个无穷次可微函数 $f(t)$,根据筛选性质,有

$$\int_{-\infty}^{+\infty}F(\omega)\delta(\omega)f(\omega)d\omega=F(0)f(0),$$

$$\int_{-\infty}^{+\infty}F(0)\delta(\omega)f(\omega)d\omega=F(0)f(0),$$

于是 $F(\omega)\delta(\omega)=F(0)\delta(\omega)$.

*三、相关函数

相关函数的概念与卷积的概念一样，也是频谱分析中的一个重要概念. 本节先引入相关函数的概念，再建立相关函数和能量谱密度之间的关系.

1. 相关函数的概念

若 $f_1(t)$和 $f_2(t)$是两个不同的函数，则积分 $\int_{-\infty}^{+\infty} f_1(t)f_2(t+\tau)\mathrm{d}t$ 称为函数 $f_1(t)$和 $f_2(t)$的**互相关函数**，记作 $R_{12}(\tau)$，即

$$R_{12}(\tau)=\int_{-\infty}^{+\infty} f_1(t)f_2(t+\tau)\mathrm{d}t. \tag{1.42}$$

记

$$R_{21}(\tau)=\int_{-\infty}^{+\infty} f_1(t+\tau)f_2(t)\mathrm{d}t. \tag{1.43}$$

当 $f_1(t)=f_2(t)=f(t)$时，积分 $\int_{-\infty}^{+\infty} f(t)f(t+\tau)\mathrm{d}t$ 称为函数 $f(t)$的**自相关函数**(简称相关函数)，记作 $R(\tau)$，即

$$R(\tau)=\int_{-\infty}^{+\infty} f(t)f(t+\tau)\mathrm{d}t. \tag{1.44}$$

由定义得，

$$R(-\tau)=\int_{-\infty}^{+\infty} f(t)f(t-\tau)\mathrm{d}t.$$

令 $t=u+\tau$，可得

$$R(-\tau)=\int_{-\infty}^{+\infty} f(u+\tau)f(u)\mathrm{d}u=R(\tau).$$

所以，相关函数是一个偶函数，即

$$R(-\tau)=R(\tau).$$

于是，互相关函数有性质：

$$R_{21}(\tau)=R_{12}(-\tau).$$

2. 相关函数和能量谱密度的关系

在傅里叶变换的性质中，我们给出乘积定理，当 $f_1(t)$，$f_2(t)$为实函数时，乘积定理可以写为

$$\int_{-\infty}^{+\infty} f_1(t)f_2(t)\mathrm{d}t=\frac{1}{2\pi}\int_{-\infty}^{+\infty} F_1(\omega)\,\overline{F_2(\omega)}\mathrm{d}\omega=\frac{1}{2\pi}\int_{-\infty}^{+\infty}\overline{F_1(\omega)}F_2(\omega)\mathrm{d}\omega.$$

在上式中，令 $f_1(t)=f(t)$，$f_2(t)=f(t+\tau)$且 $F(\omega)=\mathscr{F}[f(t)]$，由位移性质，可得

$$\begin{aligned}\int_{-\infty}^{+\infty} f(t)f(t+\tau)\mathrm{d}t&=\frac{1}{2\pi}\int_{-\infty}^{+\infty}\overline{F(\omega)}F(\omega)\mathrm{e}^{\mathrm{j}\omega\tau}\mathrm{d}\omega=\frac{1}{2\pi}\int_{-\infty}^{+\infty}|F(\omega)|^2\mathrm{e}^{\mathrm{j}\omega\tau}\mathrm{d}\omega\\&=\frac{1}{2\pi}\int_{-\infty}^{+\infty}S(\omega)\mathrm{e}^{\mathrm{j}\omega\tau}\mathrm{d}\omega,\end{aligned}$$

即

$$R(\tau)=\frac{1}{2\pi}\int_{-\infty}^{+\infty}S(\omega)\mathrm{e}^{\mathrm{j}\omega\tau}\mathrm{d}\omega.$$

由能量谱密度的定义可得

$$S(\omega)=\int_{-\infty}^{+\infty}R(\tau)\mathrm{e}^{-\mathrm{j}\omega\tau}\mathrm{d}\tau.$$

所以,相关函数 $R(\tau)$ 和能量谱密度 $S(\omega)$ 构成了一个傅里叶变换对:

$$\left.\begin{aligned}R(\tau)&=\frac{1}{2\pi}\int_{-\infty}^{+\infty}S(\omega)\mathrm{e}^{\mathrm{j}\omega\tau}\mathrm{d}\omega,\\S(\omega)&=\int_{-\infty}^{+\infty}R(\tau)\mathrm{e}^{-\mathrm{j}\omega\tau}\mathrm{d}\tau.\end{aligned}\right\}\tag{1.45}$$

由于 $R(\tau)$ 及 $S(\omega)$ 为偶函数,上式写成三角函数形式

$$\left.\begin{aligned}R(\tau)&=\frac{1}{2\pi}\int_{-\infty}^{+\infty}S(\omega)\cos\omega\tau\mathrm{d}\omega,\\S(\omega)&=\int_{-\infty}^{+\infty}R(\tau)\cos\omega\tau\mathrm{d}\tau.\end{aligned}\right\}\tag{1.46}$$

当 $\tau=0$ 时,

$$R(0)=\int_{-\infty}^{+\infty}[f(t)]^2\mathrm{d}t=\frac{1}{2\pi}\int_{-\infty}^{+\infty}S(\omega)\mathrm{d}\omega,$$

即帕塞瓦尔等式.

若 $F_1(\omega)=\mathscr{F}[f_1(t)]$,$F_2(\omega)=\mathscr{F}[f_2(t)]$,由乘积定理,可得

$$R_{12}(\tau)=\int_{-\infty}^{+\infty}f_1(t)f_2(t+\tau)\mathrm{d}t=\frac{1}{2\pi}\int_{-\infty}^{+\infty}\overline{F_1(\omega)}F_2(\omega)\mathrm{e}^{\mathrm{j}\omega\tau}\mathrm{d}\omega.$$

我们称 $S_{12}(\omega)=\overline{F_1(\omega)}F_2(\omega)$ 为互能量谱密度.它和互相关函数也构成一个傅里叶变换对:

$$\left.\begin{aligned}R_{12}(\tau)&=\frac{1}{2\pi}\int_{-\infty}^{+\infty}S_{12}(\omega)\mathrm{e}^{\mathrm{j}\omega\tau}\mathrm{d}\omega,\\S_{12}(\omega)&=\int_{-\infty}^{+\infty}R_{12}(\tau)\mathrm{e}^{-\mathrm{j}\omega\tau}\mathrm{d}\tau.\end{aligned}\right\}\tag{1.47}$$

例 1.24 若函数 $f_1(t)=\begin{cases}\frac{b}{a}t, & 0\leqslant t\leqslant a,\\0, & \text{其他},\end{cases}$ $f_2(t)=\begin{cases}1, & 0\leqslant t\leqslant a,\\0, & \text{其他},\end{cases}$ 求它们的互相关函数 $R_{12}(\tau)$.

解:若 $|\tau|>a$,则 t 和 $t+\tau$ 不能同时处于区间 $[0,a]$,根据函数 $f_1(t)$,$f_2(t)$ 的零取值性可知

$$R_{12}(\tau)=\int_{-\infty}^{+\infty}f_1(t)f_2(t+\tau)\mathrm{d}t=0.$$

当 $0<\tau\leqslant a$ 时,有

$$R_{12}(\tau)=\int_{-\infty}^{+\infty}f_1(t)f_2(t+\tau)\mathrm{d}t=\int_0^{a-\tau}\frac{b}{a}t\mathrm{d}t=\frac{b}{2a}(a-\tau)^2.$$

当 $-a\leqslant\tau\leqslant 0$ 时,有

$$R_{12}(\tau)=\int_{-\infty}^{+\infty}f_1(t)f_2(t+\tau)\mathrm{d}t=\int_{-\tau}^{a}\frac{b}{a}t\mathrm{d}t=\frac{b}{2a}(a^2-\tau^2)$$

例 1.25 求单边指数衰变信号的自相关函数与能量谱密度 $S(\omega)$.

解:单边指数衰减信号的函数为

$$f(t)=\begin{cases}0, & t<0,\\ e^{-\beta t}, & t\geqslant 0,\end{cases}\quad(\beta>0).$$

当 $\tau\geqslant 0$ 时,有

$$R(\tau)=\int_{-\infty}^{+\infty}f(t)f(t+\tau)\mathrm{d}t=\int_{0}^{+\infty}e^{-\beta t}e^{-\beta(t+\tau)}\mathrm{d}t=-\frac{e^{-\beta\tau}}{2\beta}e^{-2\beta t}\Big|_{0}^{+\infty}=\frac{e^{-\beta\tau}}{2\beta}.$$

当 $\tau<0$ 时,有

$$R(\tau)=\int_{-\infty}^{+\infty}f(t)f(t+\tau)\mathrm{d}t=\int_{-\tau}^{+\infty}e^{-\beta t}e^{-\beta(t+\tau)}\mathrm{d}t=-\frac{e^{-\beta\tau}}{2\beta}e^{-2\beta t}\Big|_{-\tau}^{+\infty}=\frac{e^{\beta\tau}}{2\beta}.$$

综合两式可得 $R(\tau)=\dfrac{e^{-\beta|\tau|}}{2\beta}$,其能量谱密度为

$$S(\omega)=\mathscr{F}[R(\tau)]=\int_{-\infty}^{+\infty}\frac{e^{-\beta|\tau|}}{2\beta}e^{-j\omega\tau}\mathrm{d}\tau=\frac{1}{\beta}\int_{0}^{+\infty}e^{-\beta\tau}\cos\omega\tau\mathrm{d}\tau=\frac{1}{\beta^2+\omega^2}.$$

例 1.26 证明互相关函数和能量谱密度的下列性质:

$$R_{21}(\tau)=R_{12}(-\tau),$$
$$S_{21}(\omega)=\overline{S_{12}(\omega)}.$$

证: 令 $u=t+\tau$,由互相关函数的定义,可得

$$R_{21}(\tau)=\int_{-\infty}^{+\infty}f_2(t)f_1(t+\tau)\mathrm{d}t=\int_{-\infty}^{+\infty}f_2(u-\tau)f_1(u)\mathrm{d}u$$
$$=\int_{-\infty}^{+\infty}f_1(t)f_2(t-\tau)\mathrm{d}t=R_{12}(-\tau).$$

由互能量谱密度的公式,有

$$S_{21}(\omega)=F_1(\omega)\overline{F_2(\omega)}=\overline{\overline{F(\omega)_1}F_2(\omega)}=\overline{S_{12}(\omega)}.$$

第五节 傅里叶变换的应用

傅里叶变换在工程技术领域有着广泛的应用.数学在其他学科的应用中,首先的任务是建立相应的数学模型.对于比较复杂的系统,可以建立非线性模型;但一般而言,为求解方便,线性模型是最好的选择.在许多场合下,线性系统的数学模型可以用一个线性的微分方程、积分方程、微分积分方程(统称为微分、积分方程)乃至于偏微分方程来描述.线性系统具有很好的性质,它可以平移、对称、反射、叠加,这些特性在振动力学、无线电技术、自动控制理论、数字图像处理等工程技术领域中都十分重要.本节将利用傅里叶变换来求解该类系统.

一、微分、积分方程的傅里叶变换解法

例 1.27 求满足积分方程 $\int_{0}^{+\infty}y(\omega)\cos\omega t\,\mathrm{d}\omega=f(t)$ 的解,其中

$$f(t)=\begin{cases}1, & 0\leqslant t<1,\\ 2, & 1\leqslant t<2,\\ 0, & t\geqslant 2.\end{cases}$$

解: 原方程可改写为

$$\frac{2}{\pi}\int_0^{+\infty} y(\omega)\cos\omega t\,\mathrm{d}\omega = \frac{2}{\pi}f(t),$$

由傅里叶余弦变换公式(1.11),得

$$y(\omega)=\int_0^{+\infty}\frac{2}{\pi}f(t)\cos\omega t\,\mathrm{d}t = \frac{2}{\pi}\left[\int_0^1\cos\omega t\,\mathrm{d}t+\int_1^2 2\cos\omega t\,\mathrm{d}t\right]$$

$$=\frac{2}{\pi}\left[\frac{1}{\omega}\sin\omega t\Big|_0^1+\frac{2}{\omega}\sin\omega t\Big|_1^2\right]=\frac{2(2\sin 2\omega-\sin\omega)}{\pi\omega}.$$

例 1.28 求常系数非齐次线性微分方程

$$\frac{\mathrm{d}^2}{\mathrm{d}t^2}y(t)-y(t)=-f(t)$$

的解,其中 $f(t)$为已知函数.

解: 设 $\mathscr{F}[y(t)]=Y(\omega)$, $\mathscr{F}[f(t)]=F(\omega)$. 利用线性性质和微分性质,可得

$$(\mathrm{j}\omega)^2Y(\omega)-Y(\omega)=-F(\omega),$$

解得

$$Y(\omega)=\frac{1}{1+\omega^2}F(\omega).$$

两边取傅里叶逆变换,有

$$y(t)=\frac{1}{2\pi}\int_{-\infty}^{+\infty}Y(\omega)\mathrm{e}^{\mathrm{j}\omega t}\,\mathrm{d}\omega=\frac{1}{2\pi}\int_{-\infty}^{+\infty}\frac{1}{1+\omega^2}F(\omega)\mathrm{e}^{\mathrm{j}\omega t}\,\mathrm{d}\omega.$$

由于

$$\mathscr{F}[\mathrm{e}^{-|t|}]=2\int_0^{+\infty}\mathrm{e}^{-t}\cos\omega t\,\mathrm{d}t=\frac{2}{1+\omega^2},$$

所以

$$y(t)=\left(\frac{1}{2}\mathrm{e}^{-|t|}\right)*f(t)=\frac{1}{2}\int_{-\infty}^{+\infty}f(\tau)\mathrm{e}^{-|t-\tau|}\,\mathrm{d}\tau.$$

例 1.29 求解积分方程

$$\int_{-\infty}^{+\infty}\mathrm{e}^{-|t-\tau|}y(\tau)\,\mathrm{d}\tau=\sqrt{2\pi}\,\mathrm{e}^{-\frac{t^2}{2}}.$$

解: 设 $\mathscr{F}[y(t)]=Y(\omega)$,方程两边取傅里叶变换,并由钟形脉冲函数 $f(t)=A\mathrm{e}^{-\beta t^2}$ 的傅里叶变换 $F(\omega)=\mathscr{F}[f(t)]=\sqrt{\frac{\pi}{\beta}}A\mathrm{e}^{-\frac{1}{4\beta}\omega^2}$,可得

$$\mathscr{F}[\mathrm{e}^{-|t|}*y(t)]=\mathscr{F}\left[\sqrt{2\pi}\,\mathrm{e}^{-\frac{1}{2}t^2}\right],$$

$$\frac{2}{1+\omega^2}Y(\omega)=2\pi\mathrm{e}^{-\frac{1}{2}\omega^2}.$$

解得

$$Y(\omega)=\pi(1+\omega^2)\mathrm{e}^{-\frac{1}{2}\omega^2}=\pi\left[\mathrm{e}^{-\frac{1}{2}\omega^2}-(\mathrm{j}\omega)^2\mathrm{e}^{-\frac{1}{2}\omega^2}\right].$$

对上式两边取傅里叶逆变换,可得

$$y(t)=\pi\mathscr{F}^{-1}\left[\mathrm{e}^{-\frac{1}{2}\omega^2}\right]-\pi\mathscr{F}^{-1}\left[(\mathrm{j}\omega)^2\mathrm{e}^{-\frac{1}{2}\omega^2}\right].$$

记 $\mathscr{F}[f(t)]=\mathrm{e}^{-\frac{1}{2}\omega^2}$，则 $f(t)=\dfrac{1}{\sqrt{2\pi}}\mathrm{e}^{-\frac{1}{2}t^2}$，上式中第二项利用微分性质

$$\mathscr{F}[f''(t)]=(\mathrm{j}\omega)^2\mathscr{F}[f(t)]=(\mathrm{j}\omega)^2\mathrm{e}^{-\frac{1}{2}\omega^2},$$

则

$$\mathscr{F}^{-1}[(\mathrm{j}\omega)^2\mathrm{e}^{-\frac{1}{2}\omega^2}]=f''(t)=\frac{\mathrm{d}^2}{\mathrm{d}t^2}\left(\frac{1}{\sqrt{2\pi}}\mathrm{e}^{-\frac{1}{2}t^2}\right)=\frac{t^2-1}{\sqrt{2\pi}}\mathrm{e}^{-\frac{1}{2}t^2}.$$

所以

$$y(t)=\pi\frac{1}{\sqrt{2\pi}}\mathrm{e}^{-\frac{1}{2}t^2}-\pi\frac{t^2-1}{\sqrt{2\pi}}\mathrm{e}^{-\frac{1}{2}t^2}=\sqrt{2\pi}\left(1-\frac{1}{2}t^2\right)\mathrm{e}^{-\frac{1}{2}t^2}.$$

例 1.30 如图 1.6 所示，求具有电动势 $f(t)$ 的 LRC 电路的电流，其中，L 是电感，R 是电阻，C 是电容，$f(t)$ 是电动势.

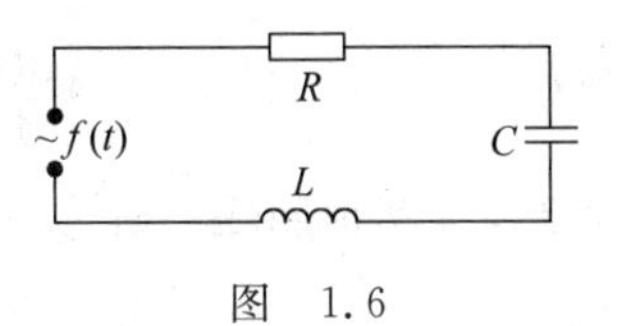

图 1.6

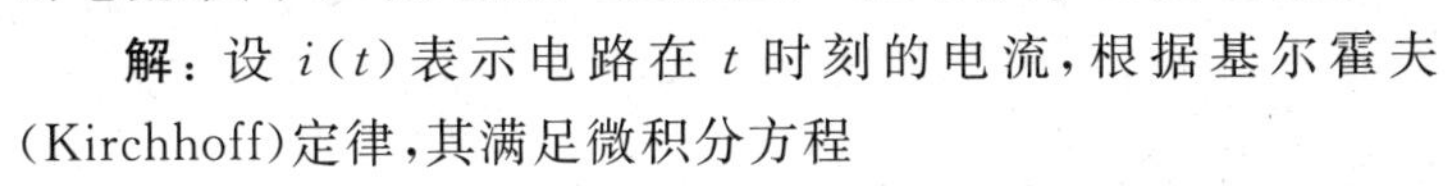

解：设 $i(t)$ 表示电路在 t 时刻的电流，根据基尔霍夫(Kirchhoff)定律，其满足微积分方程

$$L\frac{\mathrm{d}i}{\mathrm{d}t}+Ri+\frac{1}{C}\int_{-\infty}^{t}i\mathrm{d}t=f(t).$$

对上式两端关于 t 求导，得

$$L\frac{\mathrm{d}^2i}{\mathrm{d}t^2}+R\frac{\mathrm{d}i}{\mathrm{d}t}+\frac{i}{C}=f'(t).$$

利用傅里叶变换的性质对上式两端取傅里叶逆变换，并记

$$\mathscr{F}[i(t)]=I(\omega),\quad \mathscr{F}[f(t)]=F(\omega),$$

有

$$L(\mathrm{j}\omega)^2I(\omega)+R\mathrm{j}\omega I(\omega)+\frac{1}{C}I(\omega)=\mathrm{j}\omega F(\omega),$$

从而

$$I(\omega)=\frac{\mathrm{j}\omega F(\omega)}{-L\omega^2+R\mathrm{j}\omega+\dfrac{1}{C}},$$

再求其傅里叶逆变换，有

$$i(t)=\mathscr{F}^{-1}[I(\omega)]=\frac{1}{2\pi}\int_{-\infty}^{+\infty}\frac{\mathrm{j}\omega F(\omega)}{-L\omega^2+R\mathrm{j}\omega+\dfrac{1}{C}}\mathrm{e}^{\mathrm{j}\omega t}\mathrm{d}\omega.$$

*二、偏微分方程的傅里叶变换解法

例 1.31 求解偏微分方程的定解

$$\begin{cases}\dfrac{\partial^2u}{\partial t^2}=\dfrac{\partial^2u}{\partial x^2}+t\sin x, & -\infty<x<+\infty,t>0,\\ u|_{t=0}=0, \\ \left.\dfrac{\partial u}{\partial t}\right|_{t=0}=\sin x.\end{cases}$$

解：对方程及初始条件关于 x 的傅里叶变换，记

$$\mathscr{F}[u(x,t)] = U(\omega,t),$$

$$\mathscr{F}\left[\frac{\partial^2 u}{\partial x^2}\right]=(\mathrm{j}\omega)^2U(\omega,t)=-\omega^2U(\omega,t),$$

$$\mathscr{F}\left[\frac{\partial^2 u}{\partial t^2}\right]=\frac{\partial^2}{\partial t^2}\mathscr{F}[u(x,t)] = \frac{\mathrm{d}^2}{\mathrm{d}t^2}U(\omega,t),$$

$$\mathscr{F}[\sin x] = \pi\mathrm{j}[\delta(\omega+1)-\delta(\omega-1)].$$

原定解问题转化为微分方程的初值问题:

$$\begin{cases}\dfrac{\mathrm{d}^2U}{\partial t^2}+\omega^2U = \pi\mathrm{j}t[\delta(\omega+1)-\delta(\omega-1)],\\ U\big|_{t=0} = 0,\\ \left.\dfrac{\mathrm{d}U}{\mathrm{d}t}\right|_{t=0} = \pi\mathrm{j}[\delta(\omega+1)-\delta(\omega-1)].\end{cases}$$

微分方程初值问题的解为

$$U(\omega,t) = \pi\mathrm{j}\left[\delta(\omega+1)\left(\frac{\omega^2-1}{\omega^3}\sin\omega t+\frac{t}{\omega^3}\right)-\delta(\omega-1)\left(\frac{\omega^2-1}{\omega^3}\sin\omega t+\frac{t}{\omega^3}\right)\right].$$

对上式取傅里叶逆变换,并利用 δ-函数的筛选性质可得

$$\begin{aligned}u(x,t)&= \mathscr{F}^{-1}[U(\omega,t)]\\
&=\frac{1}{2\pi}\int_{-\infty}^{+\infty}\pi\mathrm{j}\left[\delta(\omega+1)\left(\frac{\omega^2-1}{\omega^3}\sin\omega t+\frac{t}{\omega^3}\right)-\delta(\omega-1)\left(\frac{\omega^2-1}{\omega^3}\sin\omega t+\frac{t}{\omega^3}\right)\right]\mathrm{e}^{\mathrm{j}\omega x}\,\mathrm{d}\omega\\
&=\frac{1}{2\mathrm{j}}\int_{-\infty}^{+\infty}\left[\delta(\omega+1)\left(\frac{\omega^2-1}{\omega^3}\sin\omega t+\frac{t}{\omega^3}\right)\right]\mathrm{e}^{\mathrm{j}\omega x}\,\mathrm{d}\omega\\
&\quad-\frac{1}{2\mathrm{j}}\int_{-\infty}^{+\infty}\left[\delta(\omega-1)\left(\frac{\omega^2-1}{\omega^3}\sin\omega t+\frac{t}{\omega^3}\right)\right]\mathrm{e}^{\mathrm{j}\omega x}\,\mathrm{d}\omega\\
&=\frac{\mathrm{j}}{2}\left[\left(\frac{\omega^2-1}{\omega^3}\sin\omega t+\frac{t}{\omega^3}\right)\mathrm{e}^{\mathrm{j}\omega x}\bigg|_{\omega=-1}-\left(\frac{\omega^2-1}{\omega^3}\sin\omega t+\frac{t}{\omega^3}\right)\mathrm{e}^{\mathrm{j}\omega x}\bigg|_{\omega=1}\right]\\
&= t\sin x.\end{aligned}$$

例 1.32 求解热传导方程的初值问题

$$\begin{cases}\dfrac{\partial u}{\partial t} = a^2\dfrac{\partial^2 u}{\partial x^2}+f(x,t),\\ u(x,0) = \varphi(x).\end{cases}$$

解:对变量 x 进行傅里叶变换,记

$$U(\omega,t) = \mathscr{F}[u(x,t)],\quad F(\omega,t) = \mathscr{F}[f(x,t)],\quad \Phi(\omega) = \mathscr{F}[\varphi(x)].$$

于是,问题可变为

$$\begin{cases}\dfrac{\mathrm{d}U(\omega,t)}{\mathrm{d}t}=-a\omega^2U(\omega,T)+F(\omega,t),\\ U(\omega,0) = \Phi(\omega).\end{cases}$$

由一阶线性非齐次常微分方程的求解公式得通解为

$$\begin{aligned}U(\omega,t)&= \mathrm{e}^{-\int a^2\omega^2\mathrm{d}t}\left(\int_0^t F(\omega,\tau)\mathrm{e}^{a^2\omega^2\tau}\mathrm{d}\tau+C\right)\\
&= C\mathrm{e}^{-a^2\omega^2t}+\int_0^t F(\omega,\tau)\mathrm{e}^{-a^2\omega^2(t-\tau)}\,\mathrm{d}\tau.\end{aligned}$$

由条件 $U(\omega,0)=\Phi(\omega)$，得 $C=\Phi(\omega)$，故

$$U(\omega,t)=\Phi(\omega)\mathrm{e}^{-a^2\omega^2 t}+\int_0^t F(\omega,\tau)\mathrm{e}^{-a^2\omega^2(t-\tau)}\mathrm{d}\tau.$$

由于

$$\mathscr{F}^{-1}[\mathrm{e}^{-a^2\omega^2 t}]=\frac{1}{2\pi}\int_{-\infty}^{+\infty}\mathrm{e}^{-(a^2\omega^2 t-\mathrm{j}\omega t)}\mathrm{d}\omega=\frac{1}{2\pi}\int_{-\infty}^{+\infty}\mathrm{e}^{-a^2\omega^2 t}\cos\omega x\,\mathrm{d}\omega=\frac{1}{2a\sqrt{\pi t}}\mathrm{e}^{-\frac{x^2}{4a^2 t}},$$

同理

$$\mathscr{F}^{-1}[\mathrm{e}^{-a^2\omega^2(t-\tau)}]=\frac{1}{2a\sqrt{\pi(t-\tau)}}\mathrm{e}^{-\frac{x^2}{4a^2(t-\tau)}}.$$

由卷积公式，得

$$u(x,t)=\frac{1}{2a\sqrt{\pi t}}\int_{-\infty}^{+\infty}\varphi(\xi)\mathrm{e}^{-\frac{(x-\xi)^2}{4a^2 t}}\mathrm{d}\xi+\frac{1}{2a\sqrt{\pi}}\int_0^t\int_{-\infty}^{+\infty}\frac{f(\xi,\tau)}{\sqrt{t-\tau}}\mathrm{e}^{\frac{-(x-\xi)^2}{4a^2(t-\tau)}}\mathrm{d}\xi\mathrm{d}\tau.$$

例 1.33 求解一维波动方程的初值问题：

$$\begin{cases}\dfrac{\partial^2 u}{\partial t^2}=\dfrac{\partial^2 u}{\partial x^2}, & -\infty<x<\infty,t>0,\\ u\big|_{t=0}=\cos x, & \dfrac{\partial u}{\partial t}\Big|_{t=0}=\sin x.\end{cases}$$

解：根据自变量的定义域，本题关于 x 求傅里叶变换. 设 $\mathscr{F}[u(x,t)]=U(\omega,t)$，对定解问题两边同取傅里叶变换，有

$$\mathscr{F}\left[\frac{\partial^2 u}{\partial x^2}\right]=(\mathrm{j}\omega)^2 U(\omega,t)=-\omega^2 U(\omega,t),$$

$$\mathscr{F}\left[\frac{\partial^2 u}{\partial t^2}\right]=\frac{\partial^2}{\partial t^2}\mathscr{F}[u(x,t)]=\frac{\mathrm{d}^2}{\mathrm{d}t^2}U(\omega,t),$$

$$\mathscr{F}[\cos x]=\pi[\delta(\omega+1)+\delta(\omega-1)],$$

$$\mathscr{F}[\sin x]=\pi\mathrm{j}[\delta(\omega+1)-\delta(\omega-1)].$$

因此，原初值问题转化为

$$\begin{cases}\dfrac{\mathrm{d}^2 U}{\mathrm{d}t^2}=-\omega^2 U(\omega,t),\\ U\big|_{t=0}=\mathscr{F}[\cos x],\\ \dfrac{\partial U}{\partial t}\Big|_{t=0}=\mathscr{F}[\sin x].\end{cases}$$

其通解为

$$U(\omega,t)=c_1\sin\omega t+c_2\cos\omega t.$$

由初始条件可得

$$c_1=\frac{\pi}{\omega}\mathrm{j}[\delta(\omega+1)-\delta(\omega-1)],$$

$$c_2=\pi[\delta(\omega+1)-\delta(\omega-1)].$$

对 $U(\omega,t)$ 做傅里叶逆变换，且利用 δ-函数的筛选性质，可得原方程的解为

$$u(x,t)=\mathscr{F}^{-1}[U(\omega,t)]=\cos(t-x).$$

章末总结

本章从周期函数的傅里叶级数出发,导出非周期函数的傅里叶积分公式,并由此得到傅里叶变换,进而讨论了傅里叶变换的一些基本性质及应用.

傅里叶变换是傅里叶级数由周期函数向非周期函数的演变,它通过特定形式的积分建立了函数与函数之间的对应关系.一方面,它仍然具有明确的物理意义;另一方面,它也成为一种非常有用的数学工具.因此,它既能从频谱的角度来描述函数(或信号)的特征,又能简化运算,方便问题的求解.

公式

$$F(\omega)=\int_{-\infty}^{+\infty}f(t)\mathrm{e}^{-\mathrm{j}\omega t}\,\mathrm{d}t$$

定义了 $f(t)$的傅里叶变换,而公式

$$f(t)=\frac{1}{2\pi}\int_{-\infty}^{+\infty}F(\omega)\mathrm{e}^{\mathrm{j}\omega t}\,\mathrm{d}\omega$$

给出了从傅里叶变换 $F(\omega)$到函数 $f(t)$本身的逆变换式.它们是傅里叶变换理论的基础.

傅里叶变换存在定理给出了傅里叶变换存在的条件和逆变换的收敛结果.

δ-函数是一个广义函数,它具有强烈的物理背景.对于单位脉冲函数,我们首先从它的物理意义上来理解,其次掌握在积分计算中的应用,特别是对不满足傅里叶变换存在定理条件的函数,如单位阶跃函数等.利用 δ-函数及其傅里叶变换,我们可以计算出 $\sin t$,$\cos t$ 等函数的傅里叶变换.

傅里叶变换具有线性性质、t 变量的平移转化为 ω 的相移、对 t 变量的微分运算与积分转化为对 ω 变量的一个多项式与有理函数的乘积运算.傅里叶变换的另一个重要性质就是保持乘积不变,即

$$\int_{-\infty}^{+\infty}f_1(t)f_2(t)\mathrm{d}t=\frac{1}{2\pi}\int_{-\infty}^{+\infty}\overline{F_1(\omega)}F_2(\omega)\mathrm{d}\omega=\frac{1}{2\pi}\int_{-\infty}^{+\infty}F_1(\omega)\overline{F_2(\omega)}\mathrm{d}\omega.$$

利用乘法公式,可以得到帕塞瓦尔等式

$$\int_{-\infty}^{+\infty}[f(t)]^2\mathrm{d}t=\frac{1}{2\pi}\int_{-\infty}^{+\infty}|F(\omega)|^2\mathrm{d}\omega.$$

卷积是线性系统分析中的一种重要的运算,但是直接对卷积进行计算和分析往往比较困难.卷积定理表明两个函数的卷积的傅里叶变换等于它们傅里叶变换的乘积,因此积分的运算变成了乘法的运算,这给线性系统的研究带来很大的便利.相关函数的概念是频谱分析中的一个重要概念,由它的概念引出了相关函数与能量谱密度的关系.

傅里叶变换是分析非周期函数频谱的理论基础,在频谱分析中有重要的作用.另外,傅里叶变换还可用来求解某些微分、积分方程和偏微分方程的定解问题.

傅里叶变换习题

1. 求下列函数的傅里叶积分：

(1) $f(t)=\begin{cases} t, & |t|\leqslant 1, \\ 0, & |t|>1; \end{cases}$

(2) $f(t)=\begin{cases} 0, & t<0, \\ \mathrm{e}^{-t}\sin 2t, & t\geqslant 0; \end{cases}$

(3) $f(t)=\begin{cases} -1, & -1<t<0, \\ 1, & 0<t<1, \\ 0, & \text{其他}. \end{cases}$

2. 求下列函数的傅里叶变换，并推证下列积分结果：

(1) $f(t)=\mathrm{e}^{-|t|}\cos t$，证明 $\int_0^{+\infty}\dfrac{\omega^2+2}{\omega^4+4}\cos\omega t\,\mathrm{d}\omega=\dfrac{\pi}{2}\mathrm{e}^{-|t|}\cos t$；

(2) $f(t)=\begin{cases} \sin t, & |t|\leqslant \pi, \\ 0, & |t|>\pi, \end{cases}$ 证明 $\int_0^{+\infty}\dfrac{\sin\omega\pi\sin\omega t}{1-\omega^2}\mathrm{d}\omega=\begin{cases} \dfrac{\pi}{2}\sin t, & |t|\leqslant\pi, \\ 0, & |t|>\pi. \end{cases}$

3. 求下列函数的傅里叶变换：

(1) $f(t)=\mathrm{e}^{-|t|}$；

(2) $f(t)=t\mathrm{e}^{-t^2}$；

(3) $f(t)=\dfrac{\sin\pi t}{1-t^2}$；

(4) $f(t)=\dfrac{1}{t^4+1}$；

(5) $f(t)=\dfrac{t}{t^4+1}$.

4. 求符号函数 $\mathrm{sgn}\,t=\begin{cases} -1, & t<0, \\ 1, & t>0 \end{cases}$ 的傅里叶变换.

5. 求函数 $f(t)=\sin\left(5t+\dfrac{\pi}{3}\right)$ 的傅里叶变换.

6. 求函数 $f(t)=\dfrac{1}{2}\left[\delta(t+t_0)+\delta(t-t_0)+\delta\left(t+\dfrac{t_0}{2}\right)+\delta\left(t-\dfrac{t_0}{2}\right)\right]$ 的傅里叶变换.

7. 求下列函数的傅里叶变换：

(1) $f(t)=u(t-\tau)$；

(2) $f(t)=u(t)\sin\omega_0 t$；

(3) $f(t)=u(t)\cos\omega_0 t$.

8. 已知某函数的傅里叶变换为 $F(\omega)=\dfrac{\sin\omega}{\omega}$，求函数 $f(t)$.

9. 已知某函数的傅里叶变换为 $F(\omega)=\pi[\delta(\omega+\omega_0)+\delta(\omega-\omega_0)]$，求函数 $f(t)$.

10. 求高斯(Gauss)分布函数 $f(t)=\dfrac{1}{\sqrt{2\pi}\sigma}e^{-\frac{t^2}{2\sigma^2}}$ 的频谱函数.

11. 若 $F(\omega)=\mathscr{F}[f(t)]$，证明：

(1) $\mathscr{F}[f(t)\cos\omega_0 t]=\dfrac{1}{2}[F(\omega-\omega_0)+F(\omega+\omega_0)]$；

(2) $\mathscr{F}[f(t)\sin\omega_0 t]=\dfrac{1}{2j}[F(\omega-\omega_0)-F(\omega+\omega_0)]$.

12. 若 $F(\omega)=\mathscr{F}[f(t)]$，$a$ 为非零常数，试证明：

(1) $\mathscr{F}[f(at-t_0)]=\dfrac{1}{|a|}F\left(\dfrac{\omega}{a}\right)e^{-j\frac{\omega}{a}t_0}$；

(2) $\mathscr{F}[f(t_0-at)]=\dfrac{1}{|a|}F\left(-\dfrac{\omega}{a}\right)e^{-j\frac{\omega}{a}t_0}$.

13. 若 $F(\omega)=\mathscr{F}[f(t)]$，利用傅里叶变换的性质，求下列函数 $g(t)$ 的傅里叶变换：

(1) $f_1(t)=\begin{cases}E, & |t|<2,\\ 0, & |t|\geqslant 2,\end{cases}$ $f_2(t)=\begin{cases}-E, & |t|<1,\\ 0, & |t|\geqslant 1,\end{cases}$ $E>0$，$g(t)=3f_1(t)+4f_2(t)$；

(2) $g(t)=\dfrac{a^2}{a^2+4\pi t^2}$；

(3) $g(t)=E\delta(t-t_0)$；

(4) $g(t)=e^{-\frac{(\pi t)^2}{a}}$；

(5) $g(t)=(t-2)f(t)$；

(6) $g(t)=t^3 f(2t)$；

(7) $g(t)=tf'(t)$；

(8) $g(t)=f(1-t)$；

(9) $g(t)=(1-t)f(1-t)$；

(10) $g(t)=e^{2j(t-i)}f(t)$.

14. 利用象函数的微分性质，求 $f(t)=te^{-t^2}$ 的傅里叶变换.

15. 利用能量积分公式，求下列积分值：

(1) $\displaystyle\int_{-\infty}^{+\infty}\frac{1-\cos t}{t^2}dt$；

(2) $\displaystyle\int_{-\infty}^{+\infty}\left(\frac{1-\cos t}{t}\right)^2 dt$；

(3) $\displaystyle\int_{-\infty}^{+\infty}\frac{t^2}{(1+t^2)^2}dt$；

(4) $\displaystyle\int_{-\infty}^{+\infty}\frac{\sin^4 t}{t^2}dt$.

16. 求下列函数的傅里叶逆变换：

(1) $F(\omega)=\omega\cos\omega t_0$；

(2) $F(\omega)=\dfrac{1}{j\omega}+j\pi\delta'(\omega)$.

17. 求下列函数 $f_1(t)$ 与 $f_2(t)$ 的卷积：

(1) $f_1(t)=u(t), f_2(t)=\mathrm{e}^{-at}u(t)$；

(2) $f_1(t)=\mathrm{e}^{-at}u(t), f_2(t)=\sin t\cdot u(t)$.

18. 设 $f_1(t)=\begin{cases}0, & t<0,\\ t, & t\geqslant 0,\end{cases}$ $f_2(t)=\begin{cases}0, & t<0,\\ \mathrm{e}^t, & t\geqslant 0,\end{cases}$ 求 $f_1(t)*f_2(t)$.

19. 设 $f_1(t)=\begin{cases}0, & t<0,\\ 2, & t\geqslant 0,\end{cases}$ $f_2(t)=\begin{cases}0, & t<0,\\ \sin t, & t\geqslant 0,\end{cases}$ 求 $f_1(t)*f_2(t)$.

20. 证明下列各式：

(1) $f_1(t)*f_2(t)=f_2(t)*f_1(t)$；

(2) $f_1(t)*[f_2(t)*f_3(t)]=[f_1(t)*f_2(t)]*f_3(t)$；

(3) $[f_1(t)+f_2(t)]*f_3(t)=f_1(t)*f_3(t)+f_2(t)*f_3(t)$；

(4) $\mathrm{e}^{at}[f_1(t)*f_2(t)]=[\mathrm{e}^{at}f_1(t)]*[\mathrm{e}^{at}f_2(t)]$，$a$ 为常数.

21. 设 $\mathscr{F}[f(t)]=F(\omega), \mathscr{F}[g(t)]=G(\omega)$，证明：$\mathscr{F}[f(t)\cdot g(t)]=\dfrac{1}{2\pi}F(\omega)*G(\omega)$.

22. 设 $f(t)$ 在 $(-\infty,+\infty)$ 上连续可微，证明：$f(t)\delta'(t-t_0)=f(t_0)\delta'(t-t_0)-f'(t_0)\delta(t-t_0), -\infty<t<\infty$.

23. 对于常数 $a(\neq 0)$，证明：$\delta^{(n)}(at)=a^{-n}|a|^{-1}\delta^{(n)}(t)$.

24. 证明：$\int_{-\infty}^{+\infty}\delta^{(n)}(t)\mathrm{d}t=0, n=1,2,3,\cdots$.

25. 利用傅里叶变换，解下列微积分方程：

(1) $f'(t)+f(t)=\delta(t), -\infty<t<\infty$；

(2) $f'(t)-4\int_{-\infty}^{t}f(t)\mathrm{d}t=\mathrm{e}^{-|t|}, -\infty<t<\infty$；

(3) $g(t)=h(t)+\int_{-\infty}^{+\infty}f(\tau)g(t-\tau)\mathrm{d}\tau$，其中 $h(t), f(t)$ 为已知函数，$g(t), h(t)$ 和 $f(t)$ 的傅里叶变换都存在；

(4) $\int_{-\infty}^{+\infty}\dfrac{y(\tau)}{(t-\tau)^2+a^2}\mathrm{d}\tau=\dfrac{1}{t^2+b^2}, 0<a<b$；

(5) $x(t)+\int_{-\infty}^{+\infty}\mathrm{e}^{-|t-\tau|}x(\tau)\mathrm{d}\tau=\mathrm{e}^{-\beta|t|}, \beta>0$.

26. 求下列偏微分方程的定解：

(1) $\begin{cases}\dfrac{\partial u}{\partial t}=a^2\dfrac{\partial^2 u}{\partial x^2}+Au, & \\ u|_{t=0}=\delta(x), & \end{cases}$ $-\infty<x<\infty, t>0, a>0$；

(2) $\begin{cases}\dfrac{\partial u}{\partial t}=\dfrac{\partial^2 u}{\partial x^2}+Au, \\ u|_{x=0}=0, \\ u|_{t=0}=\begin{cases}1, & 0<x<1,\\ 0, & x\geqslant 1,\end{cases}\end{cases}$ $x>0, t>0$；

(3) $\begin{cases}\dfrac{\partial^2 u}{\partial t^2}=a^2\dfrac{\partial^2 u}{\partial x^2},\\ u|_{t=0}=\varphi(x), \qquad -\infty<x<\infty, t>0;\\ \left.\dfrac{\partial u}{\partial t}\right|_{t=0}=\psi(x),\end{cases}$

(4) $\begin{cases}\dfrac{\partial^2 u}{\partial x^2}+\dfrac{\partial^2 u}{\partial y^2}=0,\\ u|_{y=0}=\begin{cases}-1, & x<0,\\ 1, & x>0,\end{cases} \qquad -\infty<x<\infty, y>0.\\ \lim\limits_{x^2+y^2\to+\infty} u=0,\end{cases}$

傅里叶变换测试题

一、单项选择题

1. 设 $f(t)=\delta(t-t_0)$，则 $\mathscr{F}[f(t)]=$（　　）.

   A. 1　　B. 2π　　C. $e^{j\omega t_0}$　　D. $e^{-j\omega t_0}$

2. 设 $f(t)=\cos\omega_0 t$，则 $\mathscr{F}[f(t)]=$（　　）.

   A. $\pi[\delta(\omega+\omega_0)+\delta(\omega-\omega_0)]$　　B. $\pi[\delta(\omega+\omega_0)-\delta(\omega-\omega_0)]$

   C. $\pi i[\delta(\omega+\omega_0)-\delta(\omega-\omega_0)]$　　D. $\pi i[\delta(\omega+\omega_0)+\delta(\omega-\omega_0)]$

3. 设 $\mathscr{F}[f(t)]=F(\omega)$，则 $\mathscr{F}[(t-2)f(t)]=$（　　）.

   A. $F'(\omega)-2F(\omega)$　　B. $-F'(\omega)-2F(\omega)$

   C. $iF'(\omega)-2F(\omega)$　　D. $-iF'(\omega)-2F(\omega)$

4. 设 $\mathscr{F}[f(t)]=F(\omega)$，则 $\mathscr{F}[f(1-t)]=$（　　）.

   A. $F(\omega)e^{-j\omega}$　　B. $F(-\omega)e^{-j\omega}$　　C. $F(\omega)e^{j\omega}$　　D. $F(-\omega)e^{j\omega}$

5. $\int_{-\infty}^{+\infty}\delta(t+t_0)e^{-j\omega t}\,dt=$（　　）.

   A. $e^{-j\omega t_0}$　　B. $e^{j\omega t_0}$　　C. $e^{-j\omega_0 t}$　　D. 1

6. 设 $f(t)=\delta(2-t)+e^{j\omega_0 t}$，则 $\mathscr{F}[f(t)]=$（　　）.

   A. $e^{-2j\omega}+2\pi\delta(\omega-\omega_0)$　　B. $e^{2j\omega}+2\pi\delta(\omega-\omega_0)$

   C. $e^{-2j\omega}+2\pi\delta(\omega+\omega_0)$　　D. $e^{2j\omega}+2\pi\delta(\omega+\omega_0)$

7. 设 $f(t)=te^{j\omega_0 t}$，则 $\mathscr{F}[f(t)]=$（　　）.

   A. $2\pi\delta'(\omega-\omega_0)$　　B. $2\pi\delta'(\omega+\omega_0)$

   C. $2\pi j\delta'(\omega+\omega_0)$　　D. $2\pi j\delta'(\omega-\omega_0)$

8. 下列变换中，不正确的是（　　）.

   A. $\mathscr{F}[u(t)]=\dfrac{1}{j\omega}+\pi\delta(\omega)$　　B. $\mathscr{F}[1]=2\pi\delta(\omega)$

   C. $\mathscr{F}[2\delta(\omega)]=1$　　D. $\mathscr{F}[\mathrm{sgn}(t)]=\dfrac{2}{j\omega}$

二、填空题

1. 若函数 $f(t)$ 满足傅里叶积分定理中的条件，则在 $f(t)$ 的连续点处，有 $f(t)=$ ________；在间断点处，有________.

2. 若 $f(t)$ 为无穷次可微函数，则有 $\int_{-\infty}^{+\infty}\delta(t)f(t)\mathrm{d}t=$ ________.

3. $\mathscr{F}[u(t)]=$ ________.

4. $\mathscr{F}[f(t\pm t_0)]=$ ________.

5. 设 $a>0$，则函数 $f(t)=\begin{cases}\mathrm{e}^{at}, & t<0,\\ \mathrm{e}^{-at}, & t>0\end{cases}$ 的傅里叶积分为________.

三、求下列函数的傅里叶变换

1. $f(t)=\frac{1}{2}\left[\delta(t+a)+\delta(t-a)+\delta\left(t+\frac{a}{2}\right)+\delta\left(t-\frac{a}{2}\right)\right]$.

2. $f(t)=t\mathrm{e}^{-\mathrm{j}t}$.

3. $f(t)=\mathrm{e}^{-\mathrm{j}t}\cos kt$.

四、求函数的傅里叶逆变换

求函数 $F(\omega)=\frac{1}{j\omega}e^{-j\omega}+\pi\delta(\omega)$的傅里叶逆变换.

五、证明

设 $\mathscr{F}[f(t)]=F(\omega)$,$a$ 为非零常数,试证明 $\mathscr{F}[f(at-t_0)]=\frac{1}{|a|}F\left(\frac{\omega}{a}\right)e^{-j\frac{\omega}{a}t_0}$.

第二章　拉普拉斯变换

傅里叶变换在许多领域发挥了重要作用，特别是在信号处理领域，直到今天它仍然是最基本的分析和处理工具，甚至可以说信号分析本质上即傅里叶分析（谱分析）．但任何方法总有它的局限性，傅里叶变换也是如此，因此，人们对傅里叶变换的一些不足之处进行了各种各样的改进．这些改进大体上分为两个方面：一方面是提高它对问题的刻画能力，如窗口傅里叶变换、小波变换等；另一方面是扩大它本身的适用范围．本章要介绍的是后者．

拉普拉斯变换理论（亦称为算子微积分）是在19世纪末发展起来的．首先是英国工程师海维赛德（O. Heaviside）发明了用运算法解决当时电工计算中出现的一些问题，但是缺乏严密的数学论证．后来由法国数学家拉普拉斯（P. S. Laplace）给出了严密的数学定义，称之为拉普拉斯变换（简称拉氏变换）方法．由于拉普拉斯变换对象原函数 $f(t)$ 约束条件比起傅里叶变换要弱，因而在电学、力学等众多的工程技术与科学研究领域中得到广泛的应用．

本章先从傅里叶变换的定义出发，推导出拉普拉斯变换的定义，并研究它的一些基本性质；然后给出其逆变换的积分表达式——拉普拉斯反演积分公式，并得出象原函数的求法；最后介绍拉普拉斯变换的应用．

第一节　拉普拉斯变换的概念

一、问题的提出

上一章介绍了傅里叶变换，即可以进行傅里叶变换的函数必须在整个数轴上有定义．在许多物理现象中，常考虑以时间 t 为自变量的函数，例如，一个外加电动势 $E(t)$ 从某一个时刻起接到电路中去，假如把接通的瞬间作为计算时间的原点 $t=0$，那么要研究的是电流在 $t>0$（接通以后）时的变化情况，而对于 $t<0$ 的情况，就不必考虑了．因此，常会遇到仅定义于 $[0,+\infty)$ 的函数，或者约定当 $t<0$ 时函数值恒为零的函数．

另外，一个函数除了满足狄利克雷条件外，还要在 $(-\infty,+\infty)$ 上绝对可积才存在古典意义上的傅里叶变换，但绝对可积的要求是比较苛刻的，很多常用的函数如单位阶跃函数、正弦函数、余弦函数以及线性函数等，都不满足这个条件，所以傅里叶变换的应用范围受到了较大的限制．

为解决上述应用中遇到的问题，人们研究发现，对一个函数 $\varphi(t)$，若乘以 $u(t)$，则可以使积分区间 $(-\infty,+\infty)$ 变成半实轴 $[0,+\infty)$；用 $e^{-\beta t}$ 乘以 $\varphi(t)$，由于 $e^{-\beta t}$ 的指数衰减性，只要 β 选得合适，总可以满足绝对可积的条件．因此，函数 $\varphi(t)u(t)e^{-\beta t}$ 显然可以克服傅里叶变换的上述两个缺点．

事实上，对 $\varphi(t)u(t)\mathrm{e}^{-\beta t}(\beta>0)$ 作傅里叶变换，可得

$$G_\beta(\omega)=\int_{-\infty}^{+\infty}\varphi(t)u(t)\mathrm{e}^{-\beta t}\mathrm{e}^{-\mathrm{j}\omega t}\mathrm{d}t=\int_0^{+\infty}f(t)\mathrm{e}^{-(\beta+\mathrm{j}\omega)t}\mathrm{d}t=\int_0^{+\infty}f(t)\mathrm{e}^{-st}\mathrm{d}t,$$

其中

$$f(t)=\varphi(t)u(t),\quad s=\beta+\mathrm{j}\omega.$$

再令

$$F(s)=G_\beta\left(\frac{s-\beta}{\mathrm{j}}\right),$$

则

$$F(s)=\int_0^{+\infty}f(t)\mathrm{e}^{-st}\mathrm{d}t.$$

此式所确定的函数 $F(s)$，实际上是由 $f(t)$ 通过一种新的变换得来的，这种新的变换就是拉普拉斯变换. 下面给出它的定义.

二、拉普拉斯变换的定义及存在定理

定义 设函数 $f(t)$ 在 $[0,+\infty)$ 上有定义，如果对复参量 $s=\beta+\mathrm{j}\omega$，积分

$$F(s)=\int_0^{+\infty}f(t)\mathrm{e}^{-st}\mathrm{d}t$$

在 s 的某一域内收敛，则称 $F(s)$ 为 $f(t)$ 的象函数或拉普拉斯变换，记作 $\mathscr{L}[f(t)]$，即

$$F(s)=\mathscr{L}[f(t)]=\int_0^{+\infty}f(t)\mathrm{e}^{-st}\mathrm{d}t,\tag{2.1}$$

称 $f(t)$ 为 $F(s)$ 的象原函数或拉普拉斯逆变换，记作 $\mathscr{L}^{-1}[F(s)]$，即

$$f(t)=\mathscr{L}^{-1}[F(s)].$$

由式(2.1)可以看出，$f(t)(t\geqslant0)$ 的拉普拉斯变换实际上就是函数 $f(t)u(t)\mathrm{e}^{-\beta t}$ 的傅里叶变换.

例 2.1 求单位阶跃函数 $u(t)=\begin{cases}0, & t<0,\\1, & t>0,\end{cases}$ 符号函数 $\mathrm{sgn}t=\begin{cases}1, & t>0,\\0, & t=0,\\-1, & t<0\end{cases}$ 和函数 $f(t)=1$ 的拉普拉斯变换.

解：根据定义，当 $\mathrm{Re}(s)>0$ 时，

$$\mathscr{L}[u(t)]=\int_0^{+\infty}u(t)\mathrm{e}^{-st}\mathrm{d}t=\int_0^{+\infty}\mathrm{e}^{-st}\mathrm{d}t=-\frac{1}{s}\mathrm{e}^{-st}\Big|_0^{+\infty}=\frac{1}{s},$$

$$\mathscr{L}[\mathrm{sgn}t]=\int_0^{+\infty}(\mathrm{sgn}t)\mathrm{e}^{-st}\mathrm{d}t=\int_0^{+\infty}\mathrm{e}^{-st}\mathrm{d}t=\frac{1}{s},$$

$$\mathscr{L}[1]=\int_0^{+\infty}1\cdot\mathrm{e}^{-st}\mathrm{d}t=\int_0^{+\infty}\mathrm{e}^{-st}\mathrm{d}t=\frac{1}{s}.$$

该例表明，这三个函数经过拉普拉斯变换后，象函数是一样的，这一点应不难理解. 现在的问题是对象函数 $F(s)=\frac{1}{s}(\mathrm{Re}(s)>0)$ 而言，其象原函数到底是哪一个呢？根据公式，所有在 $t>0$ 时为 1 的函数均可作为象原函数，这是因为在拉普拉斯变换所应用的场合，并不需要关心函数 $f(t)$ 在 $t<0$ 时的取值情况. 但为讨论和描述方便，一般约定，在拉普拉斯

变换中所提到的函数 $f(t)$ 均理解为当 $t<0$ 时，$f(t)=0$.

例 2.2 求函数 $f(t)=e^{kt}$ 和函数 $g(t)=e^{j\omega t}$ 的拉普拉斯变换(k,ω 为实数).

解：由定义得

$$\mathscr{L}[e^{kt}]=\int_0^{+\infty}e^{kt}e^{-st}dt=\int_0^{+\infty}e^{-(s-k)t}dt=-\frac{1}{s-k}e^{-(s-k)t}\Big|_0^{+\infty}=\frac{1}{s-k},\quad \mathrm{Re}(s)>k,$$

$$\mathscr{L}[e^{j\omega t}]=\int_0^{+\infty}e^{j\omega t}e^{-st}dt=\int_0^{+\infty}e^{-(s-j\omega)t}dt=-\frac{1}{s-j\omega}e^{-(s-j\omega)t}\Big|_0^{+\infty}=\frac{1}{s-j\omega},\quad \mathrm{Re}(s)>0.$$

本题的结果也可根据例 2.1 中的积分结果直接得出.

从上面的例子可以看出，拉普拉斯变换的确扩大了傅里叶变换的使用范围，而且变换存在的条件也比傅里叶变换弱得多，但是并非对任何一个函数都能进行拉普拉斯变换. 那么一个函数究竟满足什么条件时，它的拉普拉斯变换一定存在呢？下面的定理回答了这个问题.

定理 2.1（拉普拉斯变换存在定理） 若函数 $f(t)$ 满足下列条件：

(1) 在 $t\geqslant 0$ 的任一有限区间上分段连续；

(2) 存在常数 $M>0$ 与 $c\geqslant 0$，使得

$$|f(t)|\leqslant Me^{ct},\quad t\geqslant 0,$$

即当 $t\to+\infty$ 时，函数 $f(t)$ 的增长速度不超过某一个指数函数（称函数 $f(t)$ 的增大是不超过指数级的，c 称为函数 $f(t)$ 的增长指数），则函数 $f(t)$ 的拉普拉斯变换

$$F(s)=\int_0^{+\infty}f(t)e^{-st}dt$$

在半平面 $\mathrm{Re}(s)>c$ 上一定存在，此时上式右端的积分绝对收敛而且一致收敛，同时在此半平面内，$F(s)$ 是解析函数.

***证**：设 $\beta=\mathrm{Re}(s)$，$\beta-c\geqslant\delta>0$，由条件(2)有

$$|f(t)e^{-st}|=|f(t)|e^{-\beta t}\leqslant Me^{-(\beta-c)t}\leqslant Me^{-\delta t},$$

所以

$$|F(s)|=\left|\int_0^{+\infty}f(t)e^{-st}dt\right|\leqslant M\int_0^{+\infty}e^{-\delta t}dt=\frac{M}{\delta}.$$

由 $\delta>0$ 可知，积分式 $\int_0^{+\infty}f(t)e^{-st}dt$ 在 $\mathrm{Re}(s)\geqslant c+\delta$ 上绝对且一致收敛，因此，$F(s)$ 在半平面 $\mathrm{Re}(s)>c$ 上存在.

若在积分式 $\int_0^{+\infty}f(t)e^{-st}dt$ 的积分号内对 s 求导数，则

$$\int_0^{+\infty}\frac{d}{ds}[f(t)e^{-st}]dt=-\int_0^{+\infty}tf(t)e^{-st}dt,$$

等式右端的积分在 $\mathrm{Re}(s)\geqslant c+\delta$ 上，也是绝对且一致收敛的. 因此在 $F(s)=\int_0^{+\infty}f(t)e^{-st}dt$ 中，积分与微分的运算次序可以交换，即

$$\frac{d}{ds}F(s)=\frac{d}{ds}\int_0^{+\infty}f(t)e^{-st}dt=\int_0^{+\infty}\frac{d}{ds}[f(t)e^{-st}]dt=\int_0^{+\infty}-tf(t)e^{-st}dt.$$

由拉普拉斯变换的定义，得

$$\frac{\mathrm{d}}{\mathrm{d}s}F(s)=\mathscr{L}[-tf(t)].$$

故 $F(s)$在 $\mathrm{Re}(s)\geqslant c+\delta$ 上可导. 由 δ 的任意性可知 $F(s)$在 $\mathrm{Re}(s)>c$ 上是解析函数.

关于该定理需要说明几点.

(1) 对于该定理,可如下简单地理解,即一个函数,即使其模随着 t 的增大而增大,但只要不比某个指数函数增长得快,则其拉普拉斯变换就存在. 这一点可以从拉普拉斯变换与傅里叶变换的关系中得到一种直观的解释. 常见的大部分函数都是满足该条件的,如幂函数、三角函数、指数函数等. 所以拉普拉斯变换的应用比较广泛,但 e^{t^2},$t\mathrm{e}^{t^2}$ 等这类函数是不满足定理的条件的,因为定理条件中的 M,c 不存在.

(2) 象函数 $F(s)$在 $\mathrm{Re}(s)>c$ 内是解析的,根据复变函数的解析开拓的理论,还可以把它解析开拓到全平面上去(奇点除外). 这样,在应用上有时求出 $\mathscr{L}[f(t)]$,后面就不再附注条件 $\mathrm{Re}(s)>c$. 例如,$\mathscr{L}[u(t)]=\frac{1}{s}$可看成在全平面上除了 $s=0$ 点以外的解析函数. 所以拉普拉斯变换把一定类型的分段连续的函数转化成解析函数,这样就可以在拉普拉斯变换的理论研究中运用复变函数中的有关定理.

(3) 拉普拉斯变换存在定理的条件仅是充分的,而不是必要的,即在不满足存在定理的条件下,拉普拉斯变换仍可能存在.

另外,对于满足拉普拉斯变换存在定理条件的函数 $f(t)$,在 $t=0$ 附近有界时,$f(0)$取什么值与讨论 $f(t)$的拉普拉斯变换毫无关系,因为 $f(t)$在一点上的值不会影响积分

$$\mathscr{L}[f(t)]=\int_0^{+\infty}f(t)\mathrm{e}^{-st}\,\mathrm{d}t.$$

这时积分下限取 0^+ 或 0^- 都可以. 但是,假如 $f(t)$在 $t=0$ 包含了单位脉冲函数,就必须区分这个积分区间包含 $t=0$ 这一点,还是不包含 $t=0$ 这一点. 假如包含,把积分下限记为 0^-;假如不包含,把积分下限记为 0^+,于是得出不同的拉普拉斯变换. 记

$$\mathscr{L}_+[f(t)]=\int_{0^+}^{+\infty}f(t)\mathrm{e}^{-st}\,\mathrm{d}t,$$

$$\mathscr{L}_-[f(t)]=\int_{0^-}^{+\infty}f(t)\mathrm{e}^{-st}\,\mathrm{d}t=\int_{0^-}^{0^+}f(t)\mathrm{e}^{-st}\,\mathrm{d}t+\mathscr{L}_+[f(t)].$$

当 $f(t)$在 $t=0$ 处不含单位脉冲函数时,$t=0$ 不是无穷间断点,可以发现,若 $f(t)$在 $t=0$ 附近有界,则 $\int_{0^-}^{0^+}f(t)\mathrm{e}^{-st}\,\mathrm{d}t=0$,即

$$\mathscr{L}_-[f(t)]=\mathscr{L}_+[f(t)].$$

若 $f(t)$在 $t=0$ 处包含了脉冲函数,则 $\int_{0^-}^{0^+}f(t)\mathrm{e}^{-st}\,\mathrm{d}t\neq 0$,即

$$\mathscr{L}_-[f(t)]\neq\mathscr{L}_+[f(t)].$$

为考虑这一情况,需要把进行拉普拉斯变换的函数 $f(t)$的定义区间从 $t\geqslant 0$ 扩大为 $t>0$ 和 $t=0$ 的任意一个邻域,这样上述的拉普拉斯变换定义

$$\mathscr{L}[f(t)]=\int_0^{+\infty}f(t)\mathrm{e}^{-st}\,\mathrm{d}t$$

应为

$$\mathscr{L}_{-}[f(t)]=\int_{0^{-}}^{+\infty}f(t)\mathrm{e}^{-st}\mathrm{d}t.$$

但是为书写方便起见，仍把它写成

$$F(s)=\mathscr{L}[f(t)]=\int_{0}^{+\infty}f(t)\mathrm{e}^{-st}\mathrm{d}t.$$

例 2.3 求单位脉冲函数 $\delta(t)$ 的拉普拉斯变换.

解：根据上面的讨论，并利用筛选性质式(1.15)，可得

$$\mathscr{L}[\delta(t)]=\int_{0}^{+\infty}\delta(t)\mathrm{e}^{-st}\mathrm{d}t=\int_{0^{-}}^{+\infty}\delta(t)\mathrm{e}^{-st}\mathrm{d}t=\int_{0^{-}}^{0^{+}}\delta(t)\mathrm{e}^{-st}\mathrm{d}t+\mathscr{L}_{+}[\delta(t)].$$

显然

$$\mathscr{L}_{+}[\delta(t)]=0,$$

而

$$\int_{0^{-}}^{0^{+}}\delta(t)\mathrm{e}^{-st}\mathrm{d}t=\int_{-\infty}^{+\infty}\delta(t)\mathrm{e}^{-st}\mathrm{d}t=\mathrm{e}^{-st}\big|_{t=0}=1,$$

所以

$$\mathscr{L}[\delta(t)]=1.$$

例 2.4 求函数 $f(t)=\sin kt$（k 为实数）的拉普拉斯变换.

解：由拉普拉斯变换的定义，得

$$\mathscr{L}[\sin kt]=\int_{0}^{+\infty}\sin kt\cdot\mathrm{e}^{-st}\mathrm{d}t=\frac{\mathrm{e}^{-st}}{s^{2}+k^{2}}(-s\sin kt-k\cos kt)\Big|_{0}^{+\infty}=\frac{k}{s^{2}+k^{2}},\quad\mathrm{Re}(s)>0.$$

由例 2.2 结论 $\mathscr{L}[\mathrm{e}^{\mathrm{j}\omega t}]=\dfrac{1}{s-\mathrm{j}\omega}$（$\mathrm{Re}(s)>0$），本题还有以下解法.

$$\begin{aligned}\mathscr{L}[\sin kt]&=\int_{0}^{+\infty}\sin kt\cdot\mathrm{e}^{-st}\mathrm{d}t=\int_{0}^{+\infty}\frac{\mathrm{e}^{\mathrm{j}kt}-\mathrm{e}^{-\mathrm{j}kt}}{2\mathrm{j}}\mathrm{e}^{-st}\mathrm{d}t\\&=\frac{1}{2\mathrm{j}}\left(\int_{0}^{+\infty}\mathrm{e}^{\mathrm{j}kt}\mathrm{e}^{-st}\mathrm{d}t-\int_{0}^{+\infty}\mathrm{e}^{-\mathrm{j}kt}\mathrm{e}^{-st}\mathrm{d}t\right)=\frac{1}{2\mathrm{j}}\left(\frac{1}{s-\mathrm{j}k}-\frac{1}{s+\mathrm{j}k}\right)=\frac{k}{s^{2}+k^{2}}.\end{aligned}$$

同理，$\mathscr{L}[\cos kt]=\dfrac{s}{s^{2}+k^{2}}$，$\mathrm{Re}(s)>0$.

例 2.5 求下列函数的拉普拉斯变换：

(1) $f(t)=\delta(t)\cos t-u(t)\sin t$；

(2) $f(t)=\begin{cases}3, & 0\leqslant t<\dfrac{\pi}{2},\\ \cos t, & t\geqslant\dfrac{\pi}{2}.\end{cases}$

解：(1) 由拉普拉斯变换的定义，并根据 $\delta(t)$ 和 $u(t)$ 的性质，得

$$\begin{aligned}\mathscr{L}[f(t)]&=\int_{0}^{+\infty}\delta(t)\cos t\cdot\mathrm{e}^{-st}\mathrm{d}t-\int_{0}^{+\infty}u(t)\sin t\cdot\mathrm{e}^{-st}\mathrm{d}t\\&=\cos t\cdot\mathrm{e}^{-st}\big|_{t=0}+\frac{\mathrm{j}}{2}\int_{0}^{+\infty}(\mathrm{e}^{\mathrm{j}t}-\mathrm{e}^{-\mathrm{j}t})\mathrm{e}^{-st}\mathrm{d}t\\&=1-\frac{1}{s^{2}+1}=\frac{s^{2}}{s^{2}+1},\quad\mathrm{Re}(s)>0.\end{aligned}$$

(2) 由拉普拉斯变换的定义,得

$$\mathscr{L}[f(t)]=\int_0^{\frac{\pi}{2}}3\mathrm{e}^{-st}\mathrm{d}t+\int_{\frac{\pi}{2}}^{+\infty}\cos t\cdot\mathrm{e}^{-st}\mathrm{d}t=\frac{3}{s}(1-\mathrm{e}^{-\frac{1}{2}\pi s})-\frac{1}{s^2+1}\mathrm{e}^{-\frac{1}{2}\pi s}.$$

*例 2.6 求函数 $f(t)=t^m$(常数 $m>-1$)的拉普拉斯变换.

解:由拉普拉斯变换的定义,当 $\mathrm{Re}(s)>0$ 时,有

$$\mathscr{L}[t^m]=\int_0^{+\infty}t^m\mathrm{e}^{-st}\mathrm{d}t. \tag{1}$$

为求此积分,若令 $st=u$,由于 s 为右半平面内任一复数,因此经过此变量代换得到的关于积分变量 u 的积分是一个复变量积分,即

$$\mathscr{L}[t^m]=\int_L\left(\frac{u}{s}\right)^m\mathrm{e}^{-u}\frac{1}{s}\mathrm{d}u=\frac{1}{s^{m+1}}\int_L u^m\mathrm{e}^{-u}\mathrm{d}u. \tag{2}$$

其中,积分路线 L 是沿着射线 $\arg u=\theta,-\dfrac{\pi}{2}<\theta<\dfrac{\pi}{2}$.

但对于积分式(2),当 $-1<m<0$ 时,$u=0$ 是 u^m 的奇点,所以先考虑积分

$$\int_{\overline{AB}}u^m\mathrm{e}^{-u}\mathrm{d}u,$$

其中的积分路线是沿着直线段 $\overline{AB}$,如图 2.1 所示.

设 A,B 分别对应的复数为 $r\mathrm{e}^{\mathrm{j}\alpha},R\mathrm{e}^{\mathrm{j}\alpha}$,这里 α 在 $\left(-\dfrac{\pi}{2},\dfrac{\pi}{2}\right)$ 中,是一个常数,且 $r<R$. 取图中直线段 $\overline{AB}$、圆弧 $\widehat{DB}(u=R\mathrm{e}^{\mathrm{j}\varphi},0\leqslant\varphi\leqslant\alpha)$、$\widehat{EA}(u=r\mathrm{e}^{\mathrm{j}\varphi},0\leqslant\varphi\leqslant\alpha)$ 和实轴上线段 $\overline{ED}$ 所组成的闭曲线 C. 因为 $u^m\mathrm{e}^{-u}$ 在 C 内解析,所以

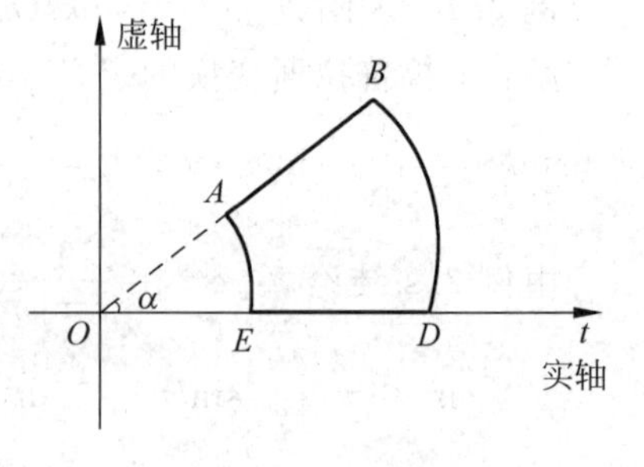

图 2.1

$$\oint_C u^m\mathrm{e}^{-u}\mathrm{d}u=0,$$

即

$$\int_{\overline{ED}}+\int_{\widehat{DB}}+\int_{\overline{BA}}+\int_{\widehat{AE}}=0,$$

也就是

$$\int_{\overline{AB}}=-\int_{\widehat{EA}}+\int_{\overline{ED}}+\int_{\widehat{DB}}. \tag{3}$$

对于式(3)右端第一个积分,有

$$\left|\int_{\widehat{EA}}u^m\mathrm{e}^{-u}\mathrm{d}u\right|=\left|\int_0^\alpha r^m\mathrm{e}^{\mathrm{j}m\varphi}\mathrm{e}^{-r\mathrm{e}^{\mathrm{j}\varphi}}\mathrm{j}r\mathrm{e}^{\mathrm{j}\varphi}\mathrm{d}\varphi\right|\leqslant r^{m+1}\int_0^\alpha|\mathrm{e}^{\mathrm{j}m\varphi}\mathrm{e}^{-r\mathrm{e}^{\mathrm{j}\varphi}}\mathrm{e}^{\mathrm{j}\varphi}|\mathrm{d}\varphi$$

$$=r^{m+1}\int_0^\alpha|\mathrm{e}^{-r(\cos\varphi+\mathrm{j}\sin\varphi)}|\mathrm{d}\varphi=r^{m+1}\int_0^\alpha\mathrm{e}^{-r\cos\varphi}\mathrm{d}\varphi.$$

由积分中值定理,可得

$$\left|\int_{\widehat{EA}}u^m\mathrm{e}^{-u}\mathrm{d}u\right|\leqslant r^{m+1}\mathrm{e}^{-r\cos\xi}\cdot\alpha,\quad 0<\xi<\alpha.$$

当 $r \to 0$ 时，

$$r^{m+1} e^{-r\cos\xi} \cdot \alpha \to 0,$$

所以

$$\lim_{r\to 0} \int_{\widehat{EA}} u^m e^{-u} du = 0.$$

对于式(3)右端第三个积分，同样有

$$\left| \int_{\widehat{DB}} u^m e^{-u} du \right| = \left| \int_0^{\alpha} R^m e^{jm\varphi} e^{-Re^{j\varphi}} jRe^{j\varphi} d\varphi \right| \leqslant R^{m+1} \int_0^{\alpha} e^{-R\cos\varphi} d\varphi = R^{m+1} e^{-R\cos\xi} \cdot \alpha, \quad 0 < \xi < \alpha.$$

由于 α 在 $\left(-\frac{\pi}{2}, \frac{\pi}{2}\right)$ 中，所以 $\cos\xi > 0$，从而当 $R \to +\infty$ 时，$R^{m+1} e^{-R\cos\xi} \cdot \alpha \to 0$，即

$$\lim_{R\to+\infty} \int_{\widehat{DB}} u^m e^{-u} du = 0.$$

因此

$$\int_L u^m e^{-u} du = \lim_{\substack{r\to 0 \\ R\to+\infty}} \int_{\overline{AB}} u^m e^{-u} du = \lim_{\substack{r\to 0 \\ R\to+\infty}} \left(-\int_{\widehat{EA}} + \int_{\overline{ED}} + \int_{\widehat{DB}} \right) u^m e^{-u} du = \int_0^{+\infty} t^m e^{-t} dt. \tag{4}$$

也就是说，求沿射线 L 的复变量积分(2)，可转化为计算沿正实半轴 t 从 0 到 $+\infty$ 的实变量积分式(4). 于是有

$$\mathscr{L}[t^m] = \frac{1}{s^{m+1}} \int_0^{+\infty} t^m e^{-t} dt = \frac{\Gamma(m+1)}{s^{m+1}}, \quad \mathrm{Re}(s) > 0.$$

当 m 为正整数时，有

$$\mathscr{L}[t^m] = \frac{m!}{s^{m+1}}, \quad \mathrm{Re}(s) > 0.$$

在实际工作中，为使用方便，有现成的拉普拉斯变换表可查. 通过查表可以很容易地知道由象原函数到象函数的变换，或由象函数到象原函数的逆变换. 本书已将工程中常遇到的一些函数及其拉普拉斯变换列于附录Ⅱ中，以备读者查用.

例 2.7 求 $\sin 2t \sin 3t$ 的拉普拉斯变换.

解：根据附录Ⅱ公式 20，在 $a=2, b=3$ 时，得

$$\mathscr{L}[\sin 2t \sin 3t] = \frac{12s}{(s^2+5^2)(s^2+1^2)} = \frac{12s}{(s^2+25)(s^2+1)}.$$

例 2.8 求 $\frac{e^{-bt}}{\sqrt{2}}(\cos bt - \sin bt)$ 的拉普拉斯变换.

解：这个函数的拉普拉斯变换，在本书给出的附录Ⅱ中找不到现成的公式，但是

$$\frac{e^{-bt}}{\sqrt{2}}(\cos bt - \sin bt) = e^{-bt}\left(\sin\frac{\pi}{4}\cos bt - \cos\frac{\pi}{4}\sin bt\right) = e^{-bt}\sin\left(-bt + \frac{\pi}{4}\right).$$

根据附录Ⅱ中公式 17，在 $a=-b, c=\frac{\pi}{4}$ 时，得

$$\mathscr{L}\left[\frac{e^{-bt}}{\sqrt{2}}(\cos bt - \sin bt)\right] = \mathscr{L}\left[e^{-bt}\sin\left(-bt+\frac{\pi}{4}\right)\right] = \frac{(s+b)\sin\frac{\pi}{4} + (-b)\cos\frac{\pi}{4}}{(s+b)^2 + (-b)^2}$$

$$= \frac{\sqrt{2}s}{2(s^2+2bs+2b^2)}.$$

第二节　拉普拉斯变换的性质

上一节中，利用拉普拉斯变换的定义已求得一些简单的常用函数的拉普拉斯变换，但对于复杂的函数，用定义求其象函数很不方便，因此要研究拉普拉斯变换所具备的性质，以便简化计算. 为叙述方便，都假定性质中所涉及的函数的拉普拉斯变换是存在的，并假设 $\mathscr{L}[f_1(t)]=F_1(s)$，$\mathscr{L}[f_2(t)]=F_2(s)$.

一、线性性质

$$\left.\begin{aligned}&\mathscr{L}[\alpha f_1(t)+\beta f_2(t)]=\alpha F_1(s)+\beta F_2(s),\\ \text{或}\quad&\\ &\mathscr{L}^{-1}[\alpha F_1(s)+\beta F_2(s)]=\alpha f_1(t)+\beta f_2(t).\end{aligned}\right\}\tag{2.2}$$

该性质的证明可由拉普拉斯变换和逆变换的公式直接推出，此处从略.

例 2.9　求函数 $f(t)=\cos 3t+6\mathrm{e}^{-3t}$ 的拉普拉斯变换.

解：

$$\mathscr{L}[f(t)]=\mathscr{L}[\cos 3t]+6\mathscr{L}[\mathrm{e}^{-3t}]=\frac{s}{s^2+3^2}+\frac{6}{s+3}.$$

例 2.10　求函数 $F(s)=\dfrac{1}{(s-a)(s-b)}$ $(a>0,b>0,a\neq b)$ 的拉普拉斯逆变换.

解：因为

$$F(s)=\frac{1}{(s-a)(s-b)}=\frac{1}{a-b}\left(\frac{1}{s-a}-\frac{1}{s-b}\right),$$

应用线性性质，有

$$f(t)=\mathscr{L}^{-1}[F(s)]=\frac{1}{a-b}\left(\mathscr{L}^{-1}\left[\frac{1}{s-a}\right]-\mathscr{L}^{-1}\left[\frac{1}{s-b}\right]\right)=\frac{1}{a-b}(\mathrm{e}^{at}-\mathrm{e}^{bt}).$$

二、相似性质

$$\left.\begin{aligned}&\mathscr{L}[f(at)]=\frac{1}{a}F\left(\frac{s}{a}\right),\\ \text{或}\quad&\\ &\mathscr{L}^{-1}[F(as)]=\frac{1}{a}f\left(\frac{t}{a}\right),\quad a>0.\end{aligned}\right\}\tag{2.3}$$

证：对积分作变量代换 $u=at$，得

$$\mathscr{L}[f(at)]=\int_0^{+\infty}f(at)\mathrm{e}^{-st}\,\mathrm{d}t=\frac{1}{a}\int_0^{+\infty}f(u)\mathrm{e}^{-\frac{s}{a}u}\,\mathrm{d}u=\frac{1}{a}F\left(\frac{s}{a}\right).$$

利用上式，得

$$\mathscr{L}\left[f\left(\frac{t}{a}\right)\right]=aF(as),$$

两边取拉普拉斯逆变换，得

$$\mathscr{L}^{-1}[F(as)] = \frac{1}{a}f\left(\frac{t}{a}\right).$$

因为函数 $f(at)$ 的图形可由 $f(t)$ 的图形沿 t 轴正向经相似变换得到，所以把这个性质称为相似性质. 在工程技术中，常希望改变时间的比例尺，或者将一个给定的时间函数标准化后，再求它的拉普拉斯变换，此时就要用到这个性质，因此这个性质在工程技术中也称尺度变换性质.

三、微分性质

1. 象原函数的微分性质

若 $f(t)$ 在 $[0,+\infty)$ 上可微，则

$$\mathscr{L}[f'(t)] = sF(s) - f(0). \tag{2.4}$$

证：根据拉普拉斯变换的定义，有

$$\mathscr{L}[f'(t)] = \int_0^{+\infty} f'(t)e^{-st}\,dt.$$

对上式右端利用分部积分，可得

$$\mathscr{L}[f'(t)] = f(t)e^{-st}\Big|_0^{+\infty} + s\int_0^{+\infty} f(t)e^{-st}\,dt = s\mathscr{L}[f(t)] - f(0),\quad \mathrm{Re}(s) > c,$$

所以

$$\mathscr{L}[f'(t)] = sF(s) - f(0).$$

这个性质表明：一个函数求导后取拉普拉斯变换，等于这个函数的拉普拉斯变换乘以参数 s，再减去函数的初值.

利用上式分部积分两次，可得

$$\mathscr{L}[f''(t)] = s\mathscr{L}[f'(t)] - f'(0) = s[sF(s) - f(0)] - f'(0) = s^2F(s) - sf(0) - f'(0).$$

以此类推，可得如下推论.

推论 若 $f(t)$ 在 $t\geqslant 0$ 中 n 次可微，并且 $f^{(n)}(t)$ 满足拉普拉斯变换存在定理中的条件，又因为 $\mathscr{L}[f(t)]=F(s)$，则有

$$\begin{aligned}\mathscr{L}[f^{(n)}(t)] &= s^nF(s) - s^{n-1}f(0) - s^{n-2}f'(0) - \cdots - f^{(n-1)}(0)\\ &= s^nF(s) - \sum_{i=0}^{n-1} s^{n-1-i}f^{(i)}(0),\quad \mathrm{Re}(s) > c.\end{aligned} \tag{2.5}$$

特别地，当初值 $f(0)=f'(0)=\cdots=f^{(n-1)}(0)=0$ 时，有

$$\mathscr{L}[f^{(n)}(t)] = s^nF(s).$$

需要指出，当 $f(t)$ 在 $t=0$ 处不连续时，$f'(t)$ 在 $t=0$ 处有脉冲 $\delta(t)$ 存在，按前面的规定取拉普拉斯变换时，积分下限要从 0^- 开始，这时，$f(0)$ 应写成 $f(0^-)$，即

$$\mathscr{L}[f'(t)] = sF(s) - f(0^-).$$

这个性质在运用拉普拉斯变换解线性常微分方程的初值问题时起着重要的作用，它可将关于 $f(t)$ 的微分方程转换为关于 $F(s)$ 的代数方程.

例 2.11 已知 $\mathscr{L}[\sin kt]=\dfrac{k}{s^2+k^2}$，利用象原函数的微分性质求 $\mathscr{L}[\cos kt]$.

解法一：由于 $\cos kt=\dfrac{1}{k}(\sin kt)'$，根据象原函数的微分性质与线性性质，有

$$\mathscr{L}[\cos kt]=\frac{1}{k}\mathscr{L}[(\sin kt)']=\frac{1}{k}\{s\mathscr{L}[\sin kt]-0\}=\frac{1}{k}\left(s\frac{k}{s^2+k^2}\right)=\frac{s}{s^2+k^2}.$$

解法二：令 $f(t)=\cos kt$，则

$$f'(t)=-k\sin kt,\quad f''(t)=-k^2\cos kt,\quad f(0)=1,\quad f'(0)=0.$$

根据式(2.5)，可得

$$\mathscr{L}[f''(t)]=s^2\mathscr{L}[f(t)]-sf(0)-f'(0),$$
$$-k^2\mathscr{L}[\cos kt]=s^2\mathscr{L}[\cos kt]-s,$$

整理得

$$\mathscr{L}[\cos kt]=\frac{s}{s^2+k^2}.$$

2. 象函数的微分性质

$$F'(s)=-\mathscr{L}[tf(t)].\tag{2.6}$$

证：$F(s)$在半平面 $\mathrm{Re}(s)>c$ 内解析，因此可对 s 求导，

$$F'(s)=\frac{\mathrm{d}}{\mathrm{d}s}\int_0^{+\infty}f(t)\mathrm{e}^{-st}\mathrm{d}t=-\int_0^{+\infty}tf(t)\mathrm{e}^{-st}\mathrm{d}t=-\mathscr{L}[tf(t)].$$

上式可以在积分号下求导，是因为 $\int_0^{+\infty}f(t)\mathrm{e}^{-st}\mathrm{d}t$ 对 s 来说是一致收敛的.

这个性质表明：对象函数求导，等于其象原函数乘以 $-t$ 的拉普拉斯变换. 一般地，有

$$F^{(n)}(s)=(-1)^n\mathscr{L}[t^nf(t)],\quad n=1,2,3,\cdots.$$

或者写成

$$\mathscr{L}[t^nf(t)]=(-1)^nF^{(n)}(s),\quad n=1,2,3,\cdots.\tag{2.7}$$

例 2.12 $\mathscr{L}[\sin kt]=\frac{k}{s^2+k^2}$，求 $\mathscr{L}[t\sin kt]$，$\mathscr{L}[t^2\sin kt]$.

解：由式(2.6)，可知

$$\mathscr{L}[t\sin kt]=-\frac{\mathrm{d}}{\mathrm{d}s}\mathscr{L}[\sin kt]=-\frac{\mathrm{d}}{\mathrm{d}s}\frac{k}{s^2+k^2}=\frac{2ks}{(s^2+k^2)^2}.$$

由式(2.7)，可知

$$\mathscr{L}[t^2\sin kt]=(-1)^2\frac{\mathrm{d}^2}{\mathrm{d}s^2}\mathscr{L}[\sin kt]=\frac{2k(3s^2-k^2)}{(s^2+k^2)^3}.$$

同理可得

$$\mathscr{L}[t\cos kt]=\frac{s^2-k^2}{(s^2+k^2)^2}.$$

四、积分性质

1. 象原函数的积分性质

$$\mathscr{L}\left[\int_0^t f(t)\mathrm{d}t\right]=\frac{1}{s}F(s).\tag{2.8}$$

证：令 $g(t)=\int_0^t f(t)\mathrm{d}t$，则有 $g'(t)=f(t)$ 且 $g(0)=0$. 由象函数的微分性质，

$$\mathscr{L}[g'(t)] = s\mathscr{L}[g(t)] - g(0),$$

即

$$\mathscr{L}[g(t)] = \frac{1}{s}\mathscr{L}[g'(t)] = \frac{1}{s}\mathscr{L}[f(t)] = \frac{1}{s}F(s),$$

所以

$$\mathscr{L}\left[\int_0^t f(t)\mathrm{d}t\right] = \frac{1}{s}F(s).$$

这个性质表明：一个函数积分后再取拉普拉斯变换等于这个函数的拉普拉斯变换除以参数 s.

重复运用该公式，可得

$$\mathscr{L}\Big[\underbrace{\int_0^t \mathrm{d}t\int_0^t \mathrm{d}t\cdots\int_0^t}_{n\text{次}} f(t)\mathrm{d}t\ \underbrace{\int_0^t \mathrm{d}t\int_0^t \mathrm{d}t\cdots\int_0^t}_{n\text{次}} f(t)\mathrm{d}t\Big] = \frac{1}{s^n}F(s),\quad n = 1,2,3,\cdots.$$

2. 象函数的积分性质

设 $\mathscr{L}[f(t)]=F(s)$，若积分 $\int_s^\infty F(s)\mathrm{d}s$ 收敛，则有

$$\mathscr{L}\left[\frac{f(t)}{t}\right] = \int_s^\infty F(s)\mathrm{d}s, \tag{2.9}$$

更一般的有

$$\mathscr{L}\left[\frac{f(t)}{t^n}\right] = \underbrace{\int_s^\infty \mathrm{d}s\int_s^\infty \mathrm{d}s\cdots\int_s^\infty}_{n\text{次}} F(s)\mathrm{d}s.$$

证：由于

$$\begin{aligned}\int_s^\infty F(s)\mathrm{d}s &= \int_s^\infty\left[\int_0^{+\infty} f(t)\mathrm{e}^{-st}\mathrm{d}t\right]\mathrm{d}s = \int_0^{+\infty} f(t)\left[\int_s^\infty \mathrm{e}^{-st}\mathrm{d}s\right]\mathrm{d}t \\ &= \int_0^{+\infty} f(t)\left[-\frac{1}{t}\mathrm{e}^{-st}\right]_s^\infty \mathrm{d}t = \int_0^{+\infty}\frac{f(t)}{t}\mathrm{e}^{-st}\mathrm{d}t = \mathscr{L}\left[\frac{f(t)}{t}\right],\end{aligned}$$

反复进行上述运算即可得

$$\mathscr{L}\left[\frac{f(t)}{t^n}\right] = \underbrace{\int_s^\infty \mathrm{d}s\int_s^\infty \mathrm{d}s\cdots\int_s^\infty F(s)\mathrm{d}s}_{n\text{次}}.$$

例 2.13　求函数 $f(t)=\dfrac{\sin t}{t}$的拉普拉斯变换.

解：由于 $\mathscr{L}[\sin t]=\dfrac{1}{s^2+1}$，由象函数的积分性质，有

$$\mathscr{L}[f(t)] = \int_s^\infty \frac{1}{s^2+1}\mathrm{d}s = \arctan s\Big|_s^\infty = \frac{\pi}{2} - \arctan s.$$

一般的，若 $\int_0^{+\infty}\dfrac{f(t)}{t}\mathrm{d}t$ 存在，令式(2.9)中的积分下限 $s=0$，可得

$$\int_0^{+\infty}\frac{f(t)}{t}\mathrm{d}t = \int_0^{+\infty}F(s)\mathrm{d}s.$$

于是，在本例中，如果令 $s=0$，则有

$$\mathscr{L}\left[\frac{\sin t}{t}\right]=\int_{0}^{+\infty}\frac{f(t)}{t}\mathrm{d}t=\frac{\pi}{2}.$$

例 2.14 求函数 $f(t)=\int_{0}^{t}\frac{\sin t}{t}\mathrm{d}t$ 的拉普拉斯变换.

解：由象原函数的积分性质，可得

$$\mathscr{L}\left[\int_{0}^{t}\frac{\sin t}{t}\mathrm{d}t\right]=\frac{1}{s}\mathscr{L}\left[\frac{\sin t}{t}\right],$$

由上例可得

$$\mathscr{L}\left[\int_{0}^{t}\frac{\sin t}{t}\mathrm{d}t\right]=\frac{1}{s}\left(\frac{\pi}{2}-\arctan s\right).$$

五、位移性质

设 $\mathscr{L}[f(t)]=F(s)$，则有

$$\mathscr{L}[\mathrm{e}^{at}f(t)]=F(s-a),\quad \mathrm{Re}(s-a)>c. \tag{2.10}$$

证：由拉普拉斯变换的定义，有

$$\mathscr{L}[\mathrm{e}^{at}f(t)]=\int_{0}^{+\infty}\mathrm{e}^{at}f(t)\mathrm{e}^{-st}\mathrm{d}t=\int_{0}^{+\infty}f(t)\mathrm{e}^{-(s-a)t}\mathrm{d}t=F(s-a),\quad \mathrm{Re}(s-a)>c.$$

这个性质表明：一个象原函数乘以指数函数 e^{at} 的拉普拉斯变换等于其象函数作位移 a.

例 2.15 求 $\mathscr{L}[\mathrm{e}^{-at}\sin kt]$.

解：已知

$$\mathscr{L}[\sin kt]=\frac{k}{s^2+k^2},$$

由位移性质，可得

$$\mathscr{L}[\mathrm{e}^{-at}\sin kt]=\frac{k}{(s+a)^2+k^2}.$$

例 2.16 求 $\mathscr{L}[t\mathrm{e}^{at}\sin at]$和 $\mathscr{L}[t\mathrm{e}^{at}\cos at]$.

解：已知

$$\mathscr{L}[\mathrm{e}^{at}\sin at]=\frac{a}{(s-a)^2+a^2},$$

所以

$$\mathscr{L}[t\mathrm{e}^{at}\sin at]=-\left(\frac{a}{(s-a)^2+a^2}\right)'=\frac{2a(s-a)}{[(s-a)^2+a^2]^2}=\frac{2a(s-a)}{(s^2-2as+2a^2)^2}.$$

同理可得

$$\mathscr{L}[t\mathrm{e}^{at}\cos at]=\frac{(s-a)^2-a^2}{[(s-a)^2+a^2]^2}=\frac{s^2-2as}{(s^2-2as+2a^2)^2}.$$

例 2.17 求 $\mathscr{L}\left[\int_{0}^{t}t\mathrm{e}^{at}\sin at\,\mathrm{d}t\right]$.

解：由上例及积分性质，得

$$\mathscr{L}\left[\int_{0}^{t}t\mathrm{e}^{at}\sin at\,\mathrm{d}t\right]=\frac{2a(s-a)}{s[(s-a)^2+a^2]^2}.$$

同理可得

$$\mathscr{L}\left[\int_0^t t\mathrm{e}^{at}\cos at\,\mathrm{d}t\right]=\frac{s-2a}{[(s-a)^2+a^2]^2}.$$

六、延迟性质

设 $\mathscr{L}[f(t)]=F(s)$，又 $t<0$ 时 $f(t)=0$，则对于任一非负实数 τ，有

$$\left.\begin{aligned}\mathscr{L}[f(t-\tau)]&=\mathrm{e}^{-s\tau}F(s),\\ \text{或}\quad \mathscr{L}^{-1}[\mathrm{e}^{-s\tau}F(s)]&=f(t-\tau).\end{aligned}\right\}\tag{2.11}$$

证：由拉普拉斯变换的定义，有

$$\begin{aligned}\mathscr{L}[f(t-\tau)]&=\int_0^{+\infty}f(t-\tau)\mathrm{e}^{-st}\,\mathrm{d}t=\int_0^{\tau}f(t-\tau)\mathrm{e}^{-st}\,\mathrm{d}t+\int_{\tau}^{+\infty}f(t-\tau)\mathrm{e}^{-st}\,\mathrm{d}t\\&=\int_{\tau}^{+\infty}f(t-\tau)\mathrm{e}^{-st}\,\mathrm{d}t,\quad t<\tau,f(t-\tau)=0.\end{aligned}$$

上式中，令 $t-\tau=u$，得

$$\mathscr{L}[f(t-\tau)]=\int_0^{+\infty}f(u)\mathrm{e}^{-s(u+\tau)}\,\mathrm{d}u=\mathrm{e}^{-s\tau}\int_0^{+\infty}f(u)\mathrm{e}^{-su}\,\mathrm{d}u=\mathrm{e}^{-s\tau}F(s),\quad \mathrm{Re}(s)>c.$$

函数 $f(t-\tau)$ 与 $f(t)$ 相比，$f(t)$ 是从 $t=0$ 开始有非零数值，而 $f(t-\tau)$ 是从 $t=\tau$ 开始才有非零数值，即延迟了一个时间 τ. 从它们的图像来看，$f(t-\tau)$ 的图像是由 $f(t)$ 的图像沿 t 轴向右平移距离 τ 而得，如图 2.2 所示.

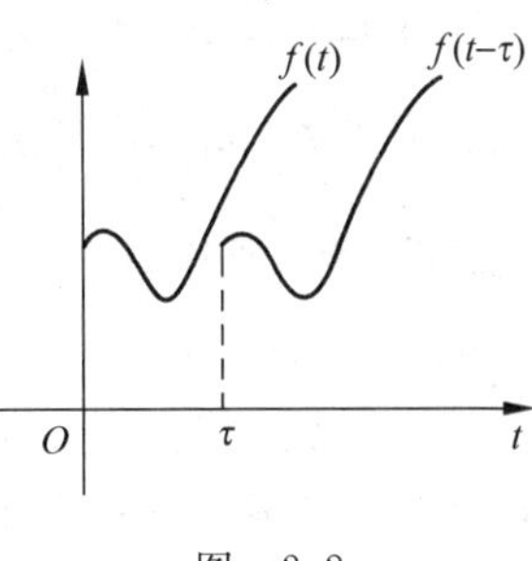

图 2.2

这个性质表明：时间函数延迟 τ 的拉普拉斯变换等于它的象函数乘以指数因子 $\mathrm{e}^{-s\tau}$. 因此该性质也可以叙述为：对任意正数 τ，有

$$\mathscr{L}[f(t-\tau)u(t-\tau)]=\mathrm{e}^{-s\tau}F(s),$$

或

$$\mathscr{L}^{-1}[\mathrm{e}^{-s\tau}F(s)]=f(t-\tau)u(t-\tau).$$

由拉普拉斯变换的定义知，函数 $f(t)$ 的拉普拉斯变换若存在，则其象函数 $F(s)$ 必是唯一的. 那么如何解释下面所谓的“反例”呢？

由线性性质，有

$$\mathscr{L}[(t-1)^2]=\mathscr{L}[t^2]-2\mathscr{L}[t]+\mathscr{L}[1]=\frac{2}{s^3}-\frac{2}{s^2}+\frac{1}{s}=F_1(s);$$

同时，由延迟性质，又有

$$\mathscr{L}[(t-1)^2]=\mathrm{e}^{-s}\mathscr{L}[t^2]=\frac{2}{s^3}\mathrm{e}^{-s}=F_2(s),$$

显然 $F_1(s)\neq F_2(s)$.

事实上，$F_1(s)$ 是函数 $f_1(t)=(t-1)^2,0\leqslant t<+\infty$ 的象函数，$F_2(s)$ 是函数 $f_2(t)=(t-1)^2u(t-1)$，也即

$$f_2(t)=\begin{cases}0, & 0\leqslant t<1,\\(t-1)^2, & t\geqslant 1\end{cases}$$

的象函数，而 $f_1(t)\neq f_2(t)$ 也是显而易见的.

例 2.18 设 $a>0,b>0$，求单位阶跃函数

$$u(at-b)=\begin{cases}0, & t<\dfrac{b}{a},\\ 1, & t>\dfrac{b}{a}\end{cases}$$

的拉普拉斯变换.

解：由延迟性质和相似性质，得

$$\mathscr{L}[u(at-b)]=\mathscr{L}\left\{u\left[a\left(t-\frac{b}{a}\right)\right]\right\}=\mathrm{e}^{-\frac{b}{a}s}\mathscr{L}[u(at)]=\mathrm{e}^{-\frac{b}{a}s}\,\frac{1}{a}\mathscr{L}[u(t)]\Big|_{\frac{s}{a}}=\frac{1}{s}\mathrm{e}^{-\frac{b}{a}s}.$$

注意：下面的推导是错误的.

$$\mathscr{L}\left\{u\left[a\left(t-\frac{b}{a}\right)\right]\right\}=\frac{1}{a}\mathscr{L}\left[u\left(t-\frac{b}{a}\right)\right]\Big|_{\frac{s}{a}}=\frac{1}{a}(\mathrm{e}^{-\frac{b}{a}s}\mathscr{L}[u(t)]\mid_{\frac{s}{a}})$$

$$=\frac{1}{a}\left(\frac{1}{s}\mathrm{e}^{-\frac{b}{a}s}\right)\Big|_{\frac{s}{a}}=\frac{1}{s}\mathrm{e}^{-\frac{b}{a^2}s}.$$

这是因为 $u\left[a\left(t-\dfrac{b}{a}\right)\right]$ 是 $t-\dfrac{b}{a}$ 的函数，但不能视为 at 的函数而使用相似性质. 如果先用相似性质后用延迟性质，则正确的推导是：

$$\mathscr{L}[u(at-b)]=\frac{1}{a}\mathscr{L}[u(t-b)]\Big|_{\frac{s}{a}}=\frac{1}{a}(\mathrm{e}^{-bs}\mathscr{L}[u(t)]\mid_{\frac{s}{a}})=\frac{1}{a}\left(\frac{1}{s}\mathrm{e}^{-bs}\right)\Big|_{\frac{s}{a}}=\frac{1}{s}\mathrm{e}^{-\frac{b}{a}s}.$$

例 2.19 求函数

$$f(t)=\begin{cases}\sin t, & 0\leqslant t\leqslant 2\pi,\\ 0, & t<0 \text{ 或 } t>2\pi\end{cases}$$

的拉普拉斯变换.

解：$f(t)=\sin t u(t)-\sin(t-2\pi)u(t-2\pi)$，

函数如图 2.3 所示. 根据线性性质和延迟性质，得

$$\mathscr{L}[f(t)]=\frac{1}{s^2+1}-\frac{\mathrm{e}^{-2\pi s}}{s^2+1}=\frac{1-\mathrm{e}^{-2\pi s}}{s^2+1}.$$

例 2.20 求如图 2.4 所示的阶梯函数 $f(t)$ 的拉普拉斯变换.

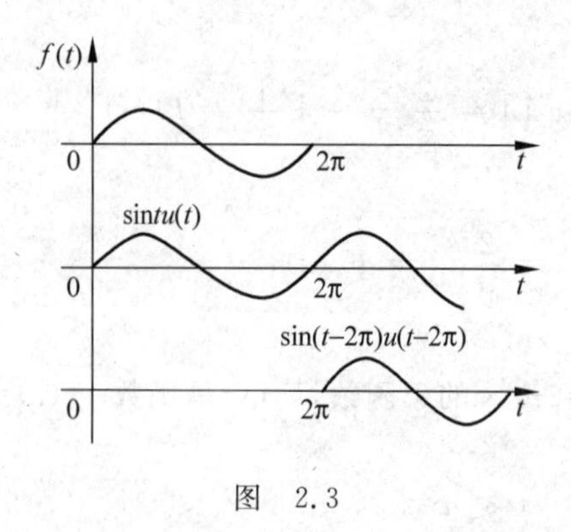

图 2.3

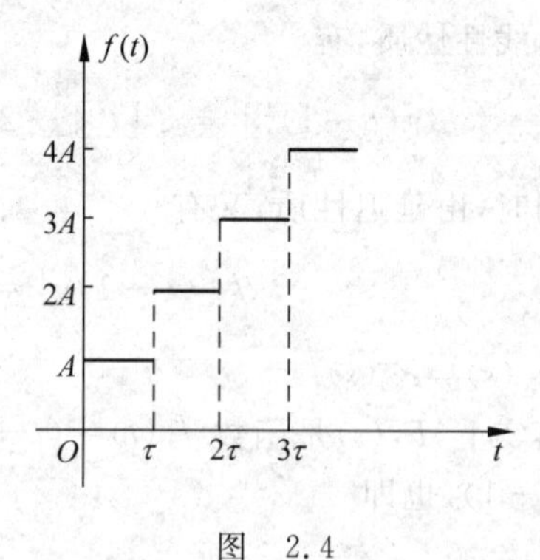

图 2.4

解：利用单位阶跃函数，可将这个阶梯函数表示为

$$\begin{aligned} f(t) &= Au(t) + Au(t-\tau) + Au(t-2\tau) + \cdots \\ &= A[u(t) + u(t-\tau) + u(t-2\tau) + \cdots] \\ &= \sum_{k=0}^{\infty} Au(t-k\tau). \end{aligned}$$

两边取拉普拉斯变换，再由线性性质和延迟性质得

$$\mathscr{L}[f(t)] = A\left(\frac{1}{s} + \frac{1}{s}\mathrm{e}^{-s\tau} + \frac{1}{s}\mathrm{e}^{-2s\tau} + \frac{1}{s}\mathrm{e}^{-3s\tau} + \cdots\right).$$

当 $\mathrm{Re}(s)>0$ 时，$|\mathrm{e}^{-s\tau}|<1$，所以，上式右端圆括号中为一公比的模小于 1 的几何级数，因此

$$\mathscr{L}[f(t)] = \frac{A}{s}\frac{1}{1-\mathrm{e}^{-s\tau}}, \quad \mathrm{Re}(s) > 0.$$

一般地，若 $\mathscr{L}[f(t)]=F(s)$，则对于任何 $\tau>0$，有

$$\mathscr{L}\left[\sum_{k=0}^{\infty} f(t-k\tau)\right] = \sum_{k=0}^{\infty}\mathscr{L}[f(t-k\tau)] = F(s)\cdot\frac{1}{1-\mathrm{e}^{-s\tau}}, \quad \mathrm{Re}(s) > c.$$

注意：求分段函数的拉普拉斯变换，一是直接利用定义，二是如例 2.19、例 2.20 所采用的方法，先把分段函数变为非分段函数，然后再利用拉普拉斯变换的有关性质求解. 把分段函数变成非分段函数的方法如下.

若

$$f(t) = \begin{cases} g_1(t), & \tau_0 \leqslant t < \tau_1, \\ g_2(t), & \tau_1 \leqslant t < \tau_2, \\ \vdots & \vdots \\ g_n(t), & \tau_{n-1} \leqslant t < \tau_n, \end{cases}$$

则

$$f(t) = \sum_{k=1}^{\infty} g_k(t)[u(t-\tau_{k-1}) - u(t-\tau_k)].$$

其中，$u(t-\tau_{k-1})-u(t-\tau_k)$被形象地称为“门函数”.

例 2.21 求 $\mathscr{L}^{-1}\left[\dfrac{s\mathrm{e}^{-2s}}{s^2+16}\right]$.

解：因为

$$\mathscr{L}^{-1}\left[\frac{s}{s^2+16}\right] = \cos 4t,$$

所以，由延迟性质，得

$$\mathscr{L}^{-1}\left[\frac{s\mathrm{e}^{-2s}}{s^2+16}\right] = \cos 4(t-2)u(t-2) = \begin{cases} 0, & t < 2, \\ \cos 4(t-2), & t > 2. \end{cases}$$

七、周期函数的拉普拉斯变换

若 $f(t)$是周期为 T 的函数，即 $f(t+T)=f(t)\ (t>0)$，则

$$\mathscr{L}[f(t)] = \frac{1}{1-\mathrm{e}^{-sT}}\int_0^T f(t)\mathrm{e}^{-st}\,\mathrm{d}t, \quad \mathrm{Re}(s) > 0. \tag{2.12}$$

证：

$$\mathscr{L}[f(t)]=\int_0^{+\infty}f(t)e^{-st}dt=\int_0^T f(t)e^{-st}dt+\int_T^{+\infty}f(t)e^{-st}dt,$$

在上式第二个积分中作变量代换 $t_1=t-T$，则

$$f(t)=f(t_1+T)=f(t_1),$$

从而

$$\begin{aligned}\mathscr{L}[f(t)]&=\int_0^T f(t)e^{-st}dt+\int_0^{+\infty}f(t_1)e^{-s(t_1+T)}dt_1=\int_0^T f(t)e^{-st}dt+e^{-sT}\int_0^{+\infty}f(t_1)e^{-st_1}dt_1\\&=\int_0^T f(t)e^{-st}dt+e^{-sT}\mathscr{L}[f(t)],\end{aligned}$$

整理得

$$\mathscr{L}[f(t)]=\frac{1}{1-e^{-sT}}\int_0^T f(t)e^{-st}dt.$$

例 2.22 求如图 2.5 所示的以 T 为周期的矩形波 $f(t)$ 的拉普拉斯变换.

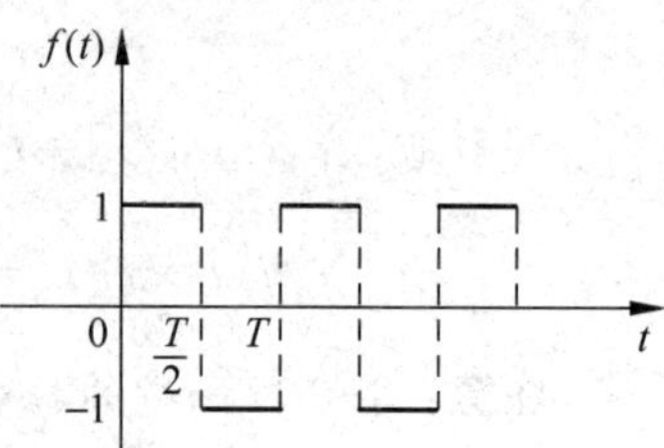

图 2.5

解：

$$\begin{aligned}\mathscr{L}[f(t)]&=\frac{1}{1-e^{-sT}}\int_0^T f(t)e^{-st}dt\\&=\frac{1}{1-e^{-sT}}\left[\int_0^{\frac{T}{2}}e^{-st}dt+\int_{\frac{T}{2}}^{T}(-1)e^{-st}dt\right]\\&=\frac{1}{1-e^{-sT}}\left[-\frac{1}{s}e^{-st}\Big|_0^{\frac{T}{2}}+\frac{1}{s}e^{-st}\Big|_{\frac{T}{2}}^{T}\right]\\&=\frac{1}{1-e^{-sT}}\left[-\frac{1}{s}e^{-\frac{s}{2}T}+\frac{1}{s}+\frac{1}{s}e^{-sT}-\frac{1}{s}e^{-\frac{s}{2}T}\right]\\&=\frac{1}{s(1-e^{-sT})}(1-e^{-\frac{sT}{2}})^2=\frac{1}{s}\cdot\frac{1-e^{-\frac{sT}{2}}}{1+e^{-\frac{sT}{2}}}=\frac{1}{s}\tanh\frac{sT}{4}.\end{aligned}$$

*八、初值定理与终值定理

1. *初值定理*

若 $\mathscr{L}[f(t)]=F(s)$，且 $\lim\limits_{s\to\infty}sF(s)$ 存在，则

$$\left.\begin{aligned}\lim_{t\to 0}f(t)&=\lim_{s\to\infty}sF(s),\\ \text{或}\quad f(0)&=\lim_{s\to\infty}sF(s).\end{aligned}\right\}\qquad(2.13)$$

证：由拉普拉斯变换的微分性质，有

$$\mathscr{L}[f'(t)]=s\mathscr{L}[f(t)]-f(0)=sF(s)-f(0).$$

因为 $\lim\limits_{s\to\infty}sF(s)$ 存在，则 $\lim\limits_{\mathrm{Re}(s)\to+\infty}sF(s)$ 也存在，且相等，即

$$\lim_{s\to\infty}sF(s)=\lim_{\mathrm{Re}(s)\to+\infty}sF(s).$$

于是

$$\lim_{\mathrm{Re}(s)\to+\infty}\mathscr{L}[f'(t)]=\lim_{\mathrm{Re}(s)\to+\infty}[sF(s)-f(0)]=\lim_{s\to\infty}sF(s)-f(0),$$

而

$$\lim_{\mathrm{Re}(s)\to+\infty}\mathscr{L}[f'(t)]=\lim_{\mathrm{Re}(s)\to+\infty}\int_0^{+\infty}f'(t)\mathrm{e}^{-st}\mathrm{d}t=\int_0^{+\infty}\lim_{\mathrm{Re}(s)\to+\infty}f'(t)\mathrm{e}^{-st}\mathrm{d}t=0.$$

所以

$$\lim_{s\to\infty}sF(s)-f(0)=0,$$

即

$$\lim_{t\to0}f(t)=f(0)=\lim_{s\to\infty}sF(s).$$

这个性质说明：函数 $f(t)$在 $t=0$ 处的函数值可以用 $f(t)$的拉普拉斯变换 $F(s)$乘以 s，然后求 $s\to\infty$时的极限而得到.

2. 终值定理

若 $f(t)$在$[0,+\infty)$上可微，$f'(t)$满足拉普拉斯变换存在定理的条件，$sF(s)$在包含虚轴的右半平面内解析，则

$$\lim_{t\to+\infty}f(t)=\lim_{s\to0}sF(s),$$

或写成

$$f(+\infty)=\lim_{s\to0}sF(s).$$

证：根据象函数的微分性，有

$$\int_0^{+\infty}f'(t)\mathrm{e}^{-st}\mathrm{d}t=sF(s)-f(0).$$

令 $s=0$，上式左端在积分号下取极限，可得

$$\lim_{s\to0}\int_0^{+\infty}f'(t)\mathrm{e}^{-st}\mathrm{d}t=\int_0^{+\infty}f'(t)(\lim_{s\to0}\mathrm{e}^{-st})\mathrm{d}t=\int_0^{+\infty}f'(t)\mathrm{d}t=f(+\infty)-\lim_{s\to0}sF(s),$$

而右端为

$$\lim_{s\to0}sF(s)-f(0),$$

所以

$$f(+\infty)=\lim_{s\to0}sF(s).$$

这个性质说明：函数 $f(t)$在 $t\to+\infty$时的极限值可以用 $f(t)$的拉普拉斯变换 $F(s)$乘以 s，然后求 $s\to0$ 时的极限而得到.

需要注意的是，初值定理和终值定理的证明中直接允许求极限和求积分可交换运算顺序，这是不严谨的. 但对于工科学生，严格的证明不作要求. 这是因为实际问题中，关心的只是函数 $f(t)$在 $t=0$ 附近或 t 比较大时的情况. 对于零点和无穷远点，即便想关心，也是无能为力的.

终值定理在自动控制系统中被广泛应用，如飞机的自动着陆系统，它要求某指定变量的终值为零. 当飞行时间 t 变大时，飞机接近着陆，因此在控制飞机的理想着陆路径时，系统更关心的是飞机距离地面的最终高度为零时的状态.

例 2.23 已知 $\mathscr{L}[f(t)]=\dfrac{1}{s+a}$，$a>0$，求 $f(0)$和 $f(+\infty)$.

解：$f(0)=\lim\limits_{s\to\infty}sF(s)=\lim\limits_{s\to\infty}\dfrac{s}{s+a}=1$，

$f(+\infty)=\lim\limits_{s\to0}sF(s)=\lim\limits_{s\to0}\dfrac{s}{s+a}=0.$

这个结果是不难验证的，因为

$$\mathscr{L}[e^{-at}] = \frac{1}{s+a},$$

所以

$$f(t) = e^{-at},$$

显然 $f(0)=1, f(+\infty)=0$.

注意：在运用终值定理之前，必先判定定理中的条件是否满足. 如 $F(s)=\frac{1}{s^2+1}$，这时 $sF(s)=\frac{s}{s^2+1}$ 在虚轴上有极点 $s=\pm j$，因此对这个函数就不能用终值定理. 尽管 $\lim\limits_{s\to 0} sF(s)=\lim\limits_{s\to 0}\frac{s}{s+a}=0$，但不能说 $f(+\infty)=0$. 实际上，$\mathscr{L}^{-1}\left[\frac{1}{s^2+1}\right]=\sin t$，而 $\lim\limits_{t\to+\infty}\sin t$ 是不存在的.

由例 2.23 可见，由初值定理和终值定理，只要根据已知的象函数 $F(s)$ 就可求出象原函数的初值和终值(即稳定状态的数值)，而不必去求象原函数 $f(t)$ 本身. 在工程技术的某些问题中，象函数往往较为复杂，计算象原函数很麻烦，但有时并不需要知道象原函数到底具有什么样的表达式，而只要知道它的初值和终值即可，这时，这两个性质就给人们带来很大的方便.

第三节　拉普拉斯变换的卷积

拉普拉斯变换的卷积及性质可以用来求出某些函数的拉普拉斯逆变换，也可以求出一些函数的积分值，并且在线性系统研究中起着重要作用.

一、卷积的概念及性质

设 $f_1(t)$ 和 $f_2(t)$ 都满足当 $t<0$ 时，$f_1(t)=f_2(t)=0$，则含参变量 t 的积分

$$\int_0^t f_1(\tau)f_2(t-\tau)\mathrm{d}\tau$$

是 t 的函数，我们称它为 $f_1(t)$ 和 $f_2(t)$ 的卷积函数(简称为卷积)，记作 $f_1(t)*f_2(t)$，即

$$f_1(t)*f_2(t) = \int_0^t f_1(\tau)f_2(t-\tau)\mathrm{d}\tau. \tag{2.14}$$

实际上，这个定义与第一章傅里叶变换中的卷积定义是一致的. 在傅里叶变换中，函数 $f_1(t)$ 和 $f_2(t)$ 的卷积是指

$$f_1(t)*f_2(t) = \int_{-\infty}^{+\infty} f_1(\tau)f_2(t-\tau)\mathrm{d}\tau.$$

如果 $f_1(t)$ 和 $f_2(t)$ 都满足条件：当 $t<0$ 时，$f_1(t)=f_2(t)=0$，则上式可写成

$$\begin{aligned} f_1(t)*f_2(t) &= \int_{-\infty}^0 f_1(\tau)f_2(t-\tau)\mathrm{d}\tau + \int_0^t f_1(\tau)f_2(t-\tau)\mathrm{d}\tau + \int_t^{+\infty} f_1(\tau)f_2(t-\tau)\mathrm{d}\tau \\ &= \int_0^t f_1(\tau)f_2(t-\tau)\mathrm{d}\tau. \end{aligned}$$

今后在无特别声明的情况下，都假定这些进行卷积运算的函数在 $t<0$ 时恒为零，它们的卷积都按式(2.14)进行计算.

例 2.24　设 $f_1(t)=t, f_2(t)=\sin t$，求 $f_1(t)*f_2(t)$.

解：$f_1(t)*f_2(t)=t*\sin t=\int_0^t \tau\sin(t-\tau)\mathrm{d}\tau=\tau\cos(t-\tau)\Big|_0^t-\int_0^t\cos(t-\tau)\mathrm{d}\tau$

$$=t+\sin(t-\tau)\Big|_0^t=t-\sin t.$$

例 2.25 设 $f(t)=\begin{cases}\cos t, & t\geqslant 0,\\ 0, & t<0,\end{cases}$ 求 $f(t)*f(t)$.

解：根据定义得

$$f(t)*f(t)=\int_0^t\cos\tau\cos(t-\tau)\mathrm{d}\tau=\frac{1}{2}\int_0^t[\cos t+\cos(2\tau-t)]\mathrm{d}\tau=\frac{1}{2}(t\cos t+\sin t).$$

根据拉普拉斯变换的卷积的定义，不难验证卷积的如下性质：

(1) 交换律 $f_1(t)*f_2(t)=f_2(t)*f_1(t)$；

(2) 结合律 $f_1(t)*[f_2(t)*f_3(t)]=[f_1(t)*f_2(t)]*f_3(t)$；

(3) 分配律 $f_1(t)*[f_2(t)+f_3(t)]=f_1(t)*f_2(t)+f_1(t)*f_3(t)$.

二、卷积定理

定理 2.2 若 $f_1(t)$ 和 $f_2(t)$ 均满足拉普拉斯变换存在定理中的条件，且 $\mathscr{L}[f_1(t)]=F_1(s)$，$\mathscr{L}[f_2(t)]=F_2(s)$，则 $f_1(t)*f_2(t)$ 的拉普拉斯变换一定存在，且

$$\left.\begin{aligned}&\mathscr{L}[f_1(t)*f_2(t)]=F_1(s)\cdot F_2(s),\\ \text{或}\quad&\\ &\mathscr{L}^{-1}[F_1(s)\cdot F_2(s)]=f_1(t)*f_2(t).\end{aligned}\right\}\qquad(2.15)$$

证：容易验证 $f_1(t)*f_2(t)$ 满足拉普拉斯变换存在定理中的条件，它的拉普拉斯变换式为

$$\mathscr{L}[f_1(t)*f_2(t)]=\int_0^{+\infty}[f_1(t)*f_2(t)]\mathrm{e}^{-st}\mathrm{d}t=\int_0^{+\infty}\left[\int_0^t f_1(\tau)f_2(t-\tau)\mathrm{d}\tau\right]\mathrm{e}^{-st}\mathrm{d}t.$$

上式积分区域如图 2.6 所示. 由于二重积分绝对可积，所以可以交换积分次序，即

$$\mathscr{L}[f_1(t)*f_2(t)]=\int_0^{+\infty}f_1(\tau)\left[\int_\tau^{+\infty}f_2(t-\tau)\mathrm{e}^{-st}\mathrm{d}t\right]\mathrm{d}\tau.$$

在内层积分中，令 $t-\tau=u$，则有

$$\int_\tau^{+\infty}f_2(t-\tau)\mathrm{e}^{-st}\mathrm{d}t=\int_0^{+\infty}f_2(u)\mathrm{e}^{-s(u+\tau)}\mathrm{d}u=\mathrm{e}^{-s\tau}F_2(s),$$

所以

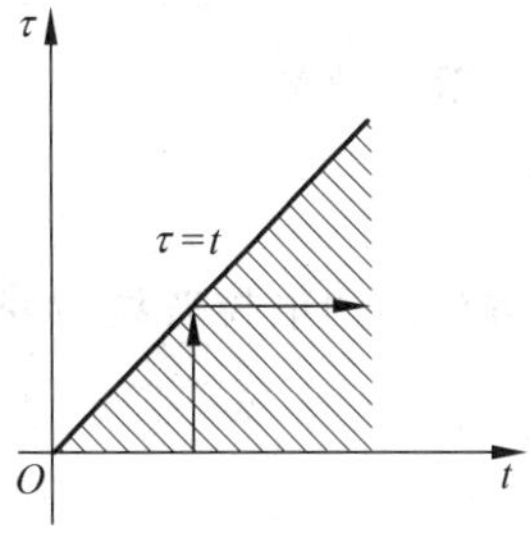

$$\begin{aligned}\mathscr{L}[f_1(t)*f_2(t)]&=\int_0^{+\infty}f_1(\tau)\mathrm{e}^{-s\tau}F_2(s)\mathrm{d}\tau\\&=F_2(s)\int_0^{+\infty}f_1(\tau)\mathrm{e}^{-s\tau}\mathrm{d}\tau=F_1(s)\cdot F_2(s).\end{aligned}$$

图 2.6

这个性质表明：两个函数卷积的拉普拉斯变换等于这两个函数拉普拉斯变换的乘积.

上述卷积定理也可以推广到 n 个函数的情况，即：若 $f_k(t)$，$k=1,2,\cdots,n$ 满足拉普拉斯变换存在定理中的条件，且 $\mathscr{L}[f_k(t)]=F_k(s)$，$k=1,2,\cdots,n$，则

$$\mathscr{L}[f_1(t)*f_2(t)*\cdots*f_n(t)]=F_1(s)\cdot F_2(s)\cdot\cdots\cdot F_n(s).$$

例 2.26 设$\mathscr{L}[f(t)]=F(s)$，利用卷积定理证明

$$\mathscr{L}\left[\int_0^t f(\tau)\mathrm{d}\tau\right]=\frac{F(s)}{s}.$$

证：设$f_1(t)=f(t)$，$f_2(t)=1$，则

$$\mathscr{L}[1]=\frac{1}{s},\quad \mathscr{L}[f(t)]=F(s),$$

故

$$\mathscr{L}[f_1(t)*f_2(t)]=\mathscr{L}\left[\int_0^t f(\tau)\mathrm{d}\tau\right]=\frac{F(s)}{s}.$$

利用卷积定理可求某些逆变换.

例 2.27 设$F(s)=\dfrac{1}{(s^2+4s+13)^2}$，求$f(t)$.

解：由于

$$F(s)=\frac{1}{(s^2+4s+13)^2}=\frac{1}{9}\cdot\frac{3}{[(s+2)^2+3^2]}\cdot\frac{3}{[(s+2)^2+3^2]},$$

根据位移性质，

$$\mathscr{L}^{-1}\left[\frac{3}{[(s+2)^2+3^2]}\right]=\mathrm{e}^{-2t}\sin 3t,$$

所以

$$\begin{aligned}f(t)&=\frac{1}{9}(\mathrm{e}^{-2t}\sin 3t)*(\mathrm{e}^{-2t}\sin 3t)=\frac{1}{9}\int_0^t \mathrm{e}^{-2\tau}\sin 3\tau\mathrm{e}^{-2(t-\tau)}\sin 3(t-\tau)\mathrm{d}\tau\\&=\frac{1}{9}\mathrm{e}^{-2t}\int_0^t \sin 3\tau\sin 3(t-\tau)\mathrm{d}\tau=\frac{1}{54}\mathrm{e}^{-2t}(\sin 3t-3t\cos 3t).\end{aligned}$$

利用卷积定理还可以解积分方程.

例 2.28 求积分方程$y(t)=at+\int_0^t y(\tau)\sin(t-\tau)\mathrm{d}\tau$的解.

解：设$Y(s)=\mathscr{L}[y(t)]$，则

$$\int_0^t y(\tau)\sin(t-\tau)\mathrm{d}\tau=y(t)*\sin t.$$

对方程两边取拉普拉斯变换，根据卷积定理及

$$\mathscr{L}[\sin t]=\frac{1}{s^2+1},$$

得

$$Y(s)=\frac{a}{s^2}+\frac{Y(s)}{s^2+1}.$$

解出$Y(s)$得

$$Y(s)=a\left(\frac{s^2+1}{s^4}\right)=a\left(\frac{1}{s^2}+\frac{1}{s^4}\right).$$

对$Y(s)$取拉普拉斯逆变换，得

$$y(t)=a\left(t+\frac{1}{6}t^3\right).$$

在工程技术中，有时会遇到较为复杂的函数，这时直接求它们的卷积是比较麻烦的. 如

果根据卷积定理，先分别求出函数的拉普拉斯变换的乘积，再求其逆变换，就可求出函数的卷积了. 下面举例说明.

例 2.29 设

$$f(t)=\begin{cases}1, & 0\leqslant t\leqslant 1,\\ 0, & \text{其他},\end{cases}\qquad g(t)=\begin{cases}1, & 0\leqslant t\leqslant 2,\\ 0, & \text{其他},\end{cases}$$

求 $f(t)*g(t)$.

解：$f(t)$和 $g(t)$的图形如图 2.7 所示，它们分别可用单位阶跃函数来表示，即

$$f(t)=u(t)-u(t-1),$$
$$g(t)=u(t)-u(t-2).$$

所以

$$F(s)=\mathscr{L}[f(t)]=\mathscr{L}[u(t)-u(t-1)]=\frac{1}{s}-\frac{1}{s}\mathrm{e}^{-s},$$

$$G(s)=\mathscr{L}[g(t)]=\mathscr{L}[u(t)-u(t-2)]=\frac{1}{s}-\frac{1}{s}\mathrm{e}^{-2s},$$

$$F(s)\cdot G(s)=\frac{1}{s}(1-\mathrm{e}^{-s})\cdot\frac{1}{s}(1-\mathrm{e}^{-2s})=\frac{1}{s^2}(1-\mathrm{e}^{-s}-\mathrm{e}^{-2s}+\mathrm{e}^{-3s}).$$

由卷积定理，可得

$$\begin{aligned}f(t)*g(t)&=\int_0^t f(\tau)g(t-\tau)\mathrm{d}\tau=\mathscr{L}^{-1}[F(s)\cdot G(s)]=\mathscr{L}^{-1}\left[\frac{1}{s^2}(1-\mathrm{e}^{-s}-\mathrm{e}^{-2s}+\mathrm{e}^{-3s})\right]\\&=tu(t)-(t-1)u(t-1)-(t-2)u(t-2)+(t-3)u(t-3)\\&=\begin{cases}t, & 0\leqslant t<1,\\ 1, & 1\leqslant t<2,\\ -t+3, & 2\leqslant t<3,\\ 0, & \text{其他},\end{cases}\end{aligned}$$

其图形如图 2.8 所示.

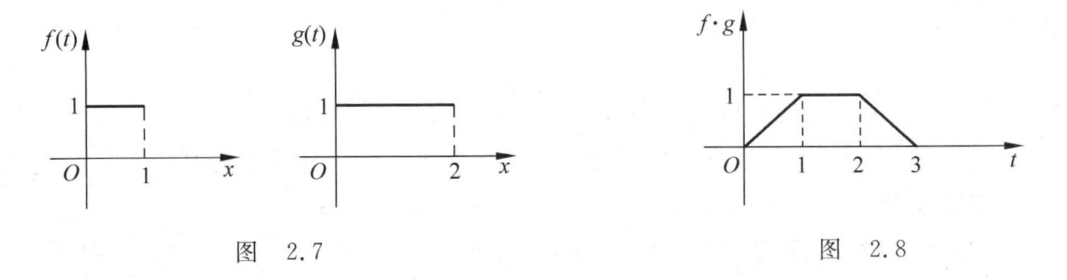

图 2.7

图 2.8

第四节 拉普拉斯逆变换

前面主要讨论了已知函数 $f(t)$的拉普拉斯变换 $F(s)$的情况，但在运用拉普拉斯变换求解具体问题时，常常需要由象函数 $F(s)$求象原函数 $f(t)$. 也就是要求 $F(s)$的拉普拉斯逆变换，本节我们重点解决这个问题.

一、拉普拉斯反演积分公式

由拉普拉斯变换的概念可知，函数 $f(t)$ 的拉普拉斯变换实际上是 $f(t)u(t)\mathrm{e}^{-\beta t}$ 的傅里叶变换. 因此，当函数 $f(t)u(t)\mathrm{e}^{-\beta t}$ 满足傅里叶变换定理的条件且 $t>0$ 时，在 $f(t)$ 连续点处，我们有

$$f(t)u(t)\mathrm{e}^{-\beta t}=\frac{1}{2\pi}\int_{-\infty}^{+\infty}\left[\int_{-\infty}^{+\infty}f(\tau)u(\tau)\mathrm{e}^{-\beta\tau}\mathrm{e}^{-\mathrm{j}\omega\tau}\mathrm{d}\tau\right]\mathrm{e}^{\mathrm{j}\omega t}\mathrm{d}\omega=\frac{1}{2\pi}\int_{-\infty}^{+\infty}\mathrm{e}^{\mathrm{j}\omega t}\mathrm{d}\omega\left[\int_{0}^{+\infty}f(\tau)\mathrm{e}^{-(\beta+\mathrm{j}\omega)\tau}\mathrm{d}\tau\right]$$
$$=\frac{1}{2\pi}\int_{-\infty}^{+\infty}F(\beta+\mathrm{j}\omega)\mathrm{e}^{\mathrm{j}\omega t}\mathrm{d}\omega,$$

这里要求 β 在 $F(s)$ 的存在域内.

将上式两边同乘以 $\mathrm{e}^{\beta t}$，并令 $s=\beta+\mathrm{j}\omega$，则对 $t>0$，有

$$f(t)=\frac{1}{2\pi\mathrm{j}}\int_{\beta-\mathrm{j}\infty}^{\beta+\mathrm{j}\infty}F(s)\mathrm{e}^{st}\mathrm{d}s.$$

该公式就是由象函数 $F(s)$ 求其象原函数 $f(t)$ 的一般公式，称为拉普拉斯反演积分公式，其中右端的积分称为拉普拉斯反演积分，其积分路径是复平面上的一条直线 $\mathrm{Re}(s)=\beta$，该直线位于 $F(s)$ 的存在域内. 拉普拉斯逆变换在形式上显得与拉普拉斯变换不那么对称，而且是一个复变函数的积分. 计算复变函数的积分一般比较困难，但由于 $F(s)$ 是 s 的解析函数，因此可以利用解析函数求积分的一些方法求出象原函数 $f(t)$，下面就来讨论这个问题.

二、拉普拉斯逆变换的求解方法

1. 留数法求拉普拉斯逆变换

象函数 $F(s)$ 在直线 $\mathrm{Re}(s)=\beta$ 及其右半平面内是解析的，但在 $\mathrm{Re}(s)=\beta$ 的左半平面内，一般来说它是会有奇点的，设其奇点为 $s_1,s_2,\cdots,s_n$. 这样，我们就可以利用复变函数的留数定理来计算反演积分了.

定理 2.3 若 $s_1,s_2,\cdots,s_n$ 是 $F(s)$ 所有奇点(适当选取 β 使这些奇点全在 $\mathrm{Re}(s)<\beta$ 的范围内)，且当 $s\to\infty$ 时，$F(s)\to 0$，则有

$$f(t)=\frac{1}{2\pi\mathrm{j}}\int_{\beta-\mathrm{j}\infty}^{\beta+\mathrm{j}\infty}F(s)\mathrm{e}^{st}\mathrm{d}s=\sum_{k=1}^{n}\underset{s=s_k}{\mathrm{Res}}[F(s)\mathrm{e}^{st}],\quad t>0. \tag{2.16}$$

即使 $F(s)$ 在 $\mathrm{Re}(s)<\beta$ 内有无穷多个奇点，上式在一定条件下也是成立的.

证：现取如图 2.9 所示的闭曲线 $C=L+C_R$，C_R 在 $\mathrm{Re}(s)=\beta$ 的左侧区域内是半径为 R 的圆弧，取 R 充分大，使 $F(s)$ 的所有奇点都包含在闭曲线 C 内部. 而 e^{st} 在全平面上是解析的，所以 $F(s)\mathrm{e}^{st}$ 的奇点就是 $F(s)$ 的奇点. 根据留数定理可得

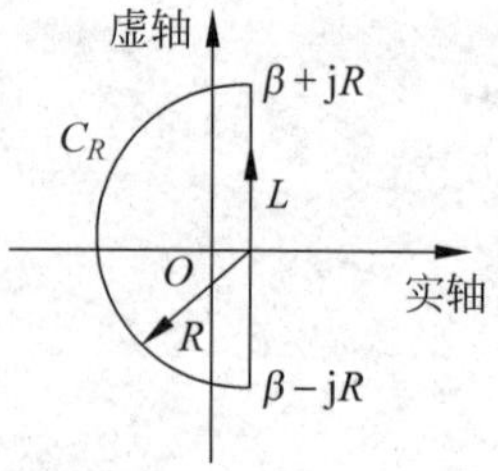

$$\oint_C F(s)\mathrm{e}^{st}\mathrm{d}s=2\pi\mathrm{j}\sum_{k=1}^{n}\underset{s=s_k}{\mathrm{Res}}[F(s)\mathrm{e}^{st}],$$

图 2.9

即

$$\frac{1}{2\pi\mathrm{j}}\left[\int_{\beta-\mathrm{j}R}^{\beta+\mathrm{j}R}F(s)\mathrm{e}^{st}\mathrm{d}s+\int_{C_R}F(s)\mathrm{e}^{st}\mathrm{d}s\right]=\sum_{k=1}^{n}\underset{s=s_k}{\mathrm{Res}}[F(s)\mathrm{e}^{st}].$$

上式取 $R\to+\infty$ 时的极限,并根据复变函数中的约当引理[1],当 $t>0$ 时,可证

$$\lim_{R\to+\infty}\int_{C_R} F(s)\mathrm{e}^{st}\,\mathrm{d}s=0.$$

于是

$$f(t)=\frac{1}{2\pi\mathrm{j}}\int_{\beta-\mathrm{j}\infty}^{\beta+\mathrm{j}\infty}F(s)\mathrm{e}^{st}\,\mathrm{d}s=\sum_{k=1}^{n}\operatorname*{Res}_{s=s_k}[F(s)\mathrm{e}^{st}],\quad t>0,$$

定理得证.

设象函数 $F(s)=\dfrac{A(s)}{B(s)}$ 为有理分式函数,其中 $A(s)$ 和 $B(s)$ 都是 s 的不可约的多项式,$B(s)$ 的次数为 n,且 $B(s)$ 的次数高于 $A(s)$ 的次数.这样的函数满足定理对 $F(s)$ 的要求,因此式(2.16)成立.现分两种情况来讨论.

情况 1 若 $B(s)$ 有 n 个单零点 $s_1,s_2,\cdots,s_n$,即这些都是 $\dfrac{A(s)}{B(s)}$ 的一级极点,则由一级极点的留数计算法,有

$$\operatorname*{Res}_{s=s_k}\left[\frac{A(s)}{B(s)}\mathrm{e}^{st}\right]=\frac{A(s_k)}{B'(s_k)}\mathrm{e}^{s_k t},\quad k=1,2,\cdots,n.$$

由式(2.16),有

$$f(t)=\sum_{k=1}^{n}\frac{A(s_k)}{B'(s_k)}\mathrm{e}^{s_k t},\quad t>0. \tag{2.17}$$

情况 2 若 $B(s)$ 有一个 m 级零点 s_1,而其余 $s_{m+1},s_{m+2},\cdots,s_n$ 是 $B(s)$ 的单零点,即 s_1 是 $\dfrac{A(s)}{B(s)}$ 的 m 级零点,$s_k(k=m+1,m+2,\cdots,n)$ 是 $\dfrac{A(s)}{B(s)}$ 的一级极点,则由高阶极点的留数计算方法,有

$$\operatorname*{Res}_{s=s_1}\left[\frac{A(s)}{B(s)}\mathrm{e}^{st}\right]=\frac{1}{(m-1)!}\lim_{s\to s_1}\frac{\mathrm{d}^{m-1}}{\mathrm{d}s^{m-1}}\left[(s-s_1)^m\frac{A(s)}{B(s)}\mathrm{e}^{st}\right],$$

所以

$$f(t)=\sum_{k=m+1}^{n}\frac{A(s_k)}{B'(s_k)}\mathrm{e}^{s_k t}+\frac{1}{(m-1)!}\lim_{s\to s_1}\frac{\mathrm{d}^{m-1}}{\mathrm{d}s^{m-1}}\left[(s-s_1)^m\frac{A(s)}{B(s)}\mathrm{e}^{st}\right],\quad t>0. \tag{2.18}$$

如果 $B(s)$ 有几个多重零点,有关公式可类似推导.

上述两种情况下的两个公式通常称为**海维赛德(Heaviside)**展开式.留数的计算也可参考复变函数中的留数计算方法.

例 2.30 求 $F(s)=\dfrac{s}{s^2+1}$ 的拉普拉斯逆变换.

解:这里 $B(s)=s^2+1$,$s=\pm\mathrm{j}$ 是它的两个一级零点(单零点),故由式(2.17)得

---

[1] 约当(Jordan)引理有几种形式,这里指出的是其中一种,称为推广的约当引理.设复变数 s 的一个函数 $F(s)$ 满足下列条件:

(1) 它在左半平面[$\mathrm{Re}(s)<\beta$]除有限个奇点外是解析的;

(2) 对于 $\mathrm{Re}(s)<\beta$ 的 s,当 $|s|=R\to+\infty$ 时,$F(s)$ 一致地趋于零,则当 $t>0$ 时,有

$$\lim_{R\to+\infty}\int_{C_R}F(s)\mathrm{e}^{st}\,\mathrm{d}s=0,$$

其中 C_R:$|s|=R$,$\mathrm{Re}(s)<\beta$,它是一个以点 $\beta+\mathrm{j}0$ 为圆心,R 为半径的圆弧.

$$f(t)=\mathscr{L}^{-1}\left[\frac{s}{s^2+1}\right]=\frac{s}{2s}\mathrm{e}^{st}\bigg|_{s=\mathrm{j}}+\frac{s}{2s}\mathrm{e}^{st}\bigg|_{s=-\mathrm{j}}=\frac{1}{2}(\mathrm{e}^{\mathrm{j}t}+\mathrm{e}^{-\mathrm{j}t})=\cos t,\quad t>0.$$

这和 $\mathscr{L}[\cos kt]=\frac{s}{s^2+k^2}$ 是一致的.

例 2.31 求 $F(s)=\frac{1}{s(s-1)^2}$ 的拉普拉斯逆变换.

解：$B(s)=s(s-1)^2$，$s=0$ 为一级零点，$s=1$ 为二级零点，由式(2.18)得

$$\begin{aligned}f(t)&=\frac{1}{3s^2-4s+1}\mathrm{e}^{st}\bigg|_{s=0}+\lim_{s\to1}\frac{\mathrm{d}}{\mathrm{d}s}\left[(s-1)^2\frac{1}{s(s-1)^2}\mathrm{e}^{st}\right]=1+\lim_{s\to1}\frac{\mathrm{d}}{\mathrm{d}s}\left[\frac{1}{s}\mathrm{e}^{st}\right]\\&=1+\lim_{s\to1}\left(\frac{t}{s}\mathrm{e}^{st}-\frac{1}{s^2}\mathrm{e}^{st}\right)=1+(t\mathrm{e}^t-\mathrm{e}^t)=1+\mathrm{e}^t(t-1),\quad t>0.\end{aligned}$$

2. *部分分式法求拉普拉斯逆变换*

当 $F(s)$ 为有理函数时，还可以采用部分分式结合常用拉普拉斯变换对的方法来求解逆变换.

例 2.32 求 $F(s)=\frac{10(s+2)(s+5)}{s(s+1)(s+3)}$ 的拉普拉斯逆变换.

解：令

$$F(s)=\frac{A}{s}+\frac{B}{s+1}+\frac{C}{s+3},$$

利用待定系数法，得

$$A=\frac{100}{3},\quad B=-20,\quad C=-\frac{10}{3}.$$

于是

$$F(s)=\frac{100}{3s}-\frac{20}{s+1}-\frac{10}{3(s+3)},$$

所以

$$f(t)=\frac{100}{3}-20\mathrm{e}^{-t}-\frac{10}{3}\mathrm{e}^{-3t},\quad t>0.$$

例 2.33 求 $F(s)=\frac{1}{(s+1)(s-2)(s+3)}$ 的拉普拉斯逆变换.

解：$F(s)=\frac{1}{(s+1)(s-2)(s+3)}=\frac{-\frac{1}{6}}{s+1}+\frac{\frac{1}{15}}{s-2}+\frac{\frac{1}{10}}{s+3}$，

于是

$$f(t)=\mathscr{L}^{-1}[F(s)]=-\frac{1}{6}\mathrm{e}^{-t}+\frac{1}{15}\mathrm{e}^{2t}+\frac{1}{10}\mathrm{e}^{-3t}.$$

在以上讨论中，假定 $F(s)=\frac{A(s)}{B(s)}$ 中 $A(s)$ 的次数低于 $B(s)$ 的次数. 若不然，可用长除法将函数分解成多项式与有理真分式之和，其中有理真分式部分可按以上方法.

例 2.34 求 $F(s)=\frac{s^3+5s^2+9s+7}{(s+1)(s+2)}$ 的拉普拉斯逆变换.

解：由长除法，得

$$F(s)=s+2+\frac{s+3}{(s+1)(s+2)},$$

分解成部分分式

$$F(s)=s+2+\frac{2}{s+1}-\frac{1}{s+2}.$$

根据式(1.17)和式(2.1),有

$$\mathscr{L}[\delta'(t)]=s,$$

于是

$$f(t)=\delta'(t)+2\delta(t)+2\mathrm{e}^{-t}-\mathrm{e}^{-2t},\quad t\geqslant 0.$$

对于有理分式求象原函数,究竟采用哪一种方法较为简便,这要根据具体问题而定.一般来说,当有理分式的分母 $B(s)$ 的次数较高或 $B(s)$ 较复杂时,用部分分式法求象原函数是比较麻烦的,其原因是在待定系数法时要解线性方程组.

3. 卷积定理求解拉普拉斯逆变换

例 2.35 若 $F(s)=\dfrac{s^2}{(s^2+1)^2}$,求 $f(t)$.

解:因为

$$F(s)=\frac{s^2}{(s^2+1)^2}=\frac{s}{s^2+1}\cdot\frac{s}{s^2+1},$$

所以

$$f(t)=\mathscr{L}^{-1}\left[\frac{s}{s^2+1}\cdot\frac{s}{s^2+1}\right]=\cos t*\cos t=\int_0^t\cos\tau\cos(t-\tau)\mathrm{d}\tau=\frac{1}{2}(t\cos t+\sin t).$$

例 2.36 若 $F(s)=\dfrac{\mathrm{e}^{-\pi s}}{s(s+a)}$,求 $f(t)$.

解:令 $F_1(s)=\dfrac{1}{s(s+a)}=\dfrac{1}{s}\cdot\dfrac{1}{s+a}$,

$$f_1(t)=\mathscr{L}^{-1}\left[\frac{1}{s}\cdot\frac{1}{s+a}\right]=u(t)*\mathrm{e}^{-at}=\frac{1}{a}(1-\mathrm{e}^{-at}),$$

又

$$F(s)=\mathrm{e}^{-\pi s}F_1(s),$$

根据延迟性质可得

$$f(t)=f_1(t-\pi)u(t-\pi)=\frac{1}{a}[1-\mathrm{e}^{-(t-\pi)a}]u(t-\pi).$$

4. 利用拉普拉斯变换性质求解逆变换

例 2.37 若 $F(s)=\ln\dfrac{s+1}{s-1}$,利用微分性质求 $f(t)$.

解:易知 $F'(s)=\dfrac{-2}{s^2-1}$,根据微分性质

$$\mathscr{L}^{-1}[F'(s)]=-tf(t),$$

可得

$$f(t)=-\frac{1}{t}\mathscr{L}^{-1}\left[\frac{-2}{s^2-1}\right]=\frac{2}{t}\mathscr{L}^{-1}\left[\frac{1}{s^2-1}\right]=\frac{2}{t}\mathrm{sh}t.$$

例 2.38 若 $F(s)=\frac{s}{(s^2-1)^2}$，利用积分性质求 $f(t)$.

解：我们考虑象函数的积分性质

$$\mathscr{L}\left[\frac{f(t)}{t}\right]=\int_s^{+\infty}F(s)\mathrm{d}s,$$

即

$$f(t)=t\mathscr{L}^{-1}\left[\int_s^{+\infty}F(s)\mathrm{d}s\right],$$

又

$$\int_s^{+\infty}F(s)\mathrm{d}s=\int_s^{+\infty}\frac{s}{(s^2-1)^2}\mathrm{d}s=-\frac{1}{2(s^2-1)}\bigg|_s^{+\infty}=\frac{1}{2(s^2-1)},$$

于是

$$f(t)=t\mathscr{L}^{-1}\left[\frac{1}{2(s^2-1)}\right]=\frac{t}{2}\mathrm{sh}t.$$

5. 查表法求解拉普拉斯逆变换

例 2.39 求 $F(s)=\frac{1}{s(s^2+1)^2}$的拉普拉斯逆变换.

解：$F(s)$为有理分式，可以利用部分分式的方法，但较为麻烦，可以直接利用查表的方法求得结果. 根据附录Ⅱ中公式 31，在 $a=1$ 时，有

$$f(t)=(1-\cos t)-\frac{1}{2}t\sin t.$$

例 2.40 求 $F(s)=\frac{s^2+2s}{(s+1)^3}$的拉普拉斯逆变换.

解：附表Ⅱ中没有现成公式可用，此时我们应考虑对象函数 $F(s)$做适当变换，

$$F(s)=\frac{s^2+2s}{(s+1)^3}=\frac{s}{(s+1)^2}+\frac{s}{(s+1)}.$$

根据附表Ⅱ公式 32、公式 33 中取 $a=1$，可得结果

$$f(t)=(1-t)\mathrm{e}^{-t}+t\left(1-\frac{t}{2}\right)\mathrm{e}^{-t}=\mathrm{e}^{-t}\left(1-\frac{t^2}{2}\right).$$

例 2.41 多种方法求 $F(s)=\frac{\beta}{s^2(s^2+\beta^2)}$的拉普拉斯逆变换.

解法一(留数法)：

易知 $s=0$ 为二级极点，$s=\pm\beta\mathrm{j}$ 为一级极点，

$$\operatorname*{Res}_{s=0}\left[\frac{\beta}{s^2(s^2+\beta^2)}\mathrm{e}^{st}\right]=\lim_{s\to0}\frac{\mathrm{d}}{\mathrm{d}s}\left[s^2\frac{\beta}{s^2(s^2+\beta^2)}\mathrm{e}^{st}\right]=\frac{t}{\beta},$$

$$\operatorname*{Res}_{s=\beta\mathrm{j}}\left[\frac{\beta}{s^2(s^2+\beta^2)}\mathrm{e}^{st}\right]=\frac{\beta}{4s^3+2\beta^2s}\mathrm{e}^{st}\bigg|_{s=\beta\mathrm{j}}=-\frac{\mathrm{e}^{\mathrm{j}\beta t}}{2\mathrm{j}\beta^2},$$

$$\operatorname*{Res}_{s=-\beta\mathrm{j}}\left[\frac{\beta}{s^2(s^2+\beta^2)}\mathrm{e}^{st}\right]=\frac{\beta}{4s^3+2\beta^2s}\mathrm{e}^{st}\bigg|_{s=-\beta\mathrm{j}}=\frac{\mathrm{e}^{-\mathrm{j}\beta t}}{2\mathrm{j}\beta^2},$$

所以

$$f(t)=\frac{t}{\beta}-\frac{1}{\beta^2}\left(\frac{\mathrm{e}^{\mathrm{j}\beta t}-\mathrm{e}^{-\mathrm{j}\beta t}}{2\mathrm{j}}\right)=\frac{t}{\beta}-\frac{1}{\beta^2}\sin\beta t.$$

解法二(部分分式法):

由于

$$F(s)=\frac{\beta}{s^2(s^2+\beta^2)}=\frac{1}{\beta}\left(\frac{1}{s^2}-\frac{1}{s^2+\beta^2}\right),$$

所以

$$f(t)=\frac{t}{\beta}-\frac{1}{\beta^2}\sin\beta t.$$

解法三(性质法):

由于

$$F(s)=\frac{\beta}{s^2(s^2+\beta^2)}=\frac{1}{s}\cdot\frac{\beta}{s(s^2+\beta^2)},$$

令

$$F_1(s)=\frac{\beta}{s(s^2+\beta^2)},$$

则

$$F(s)=\frac{F_1(s)}{s},$$

而

$$f_1(t)=\mathscr{L}^{-1}[F_1(s)]=\mathscr{L}^{-1}\left[\frac{1}{\beta}\left(\frac{1}{s}-\frac{s}{s^2+\beta^2}\right)\right]=\frac{1}{\beta}(1-\cos\beta t),$$

由象函数的积分性质

$$f(t)=\mathscr{L}^{-1}[F(s)]=\mathscr{L}^{-1}\left[\frac{F_1(s)}{s}\right]=\int_0^t f_1(t)\,\mathrm{d}t,$$

于是

$$f(t)=\int_0^t\frac{1}{\beta}(1-\cos\beta t)\,\mathrm{d}t=\frac{1}{\beta}\left(t-\frac{1}{\beta}\sin\beta t\right)=\frac{t}{\beta}-\frac{1}{\beta^2}\sin\beta t.$$

解法四(卷积定理法):

$$F(s)=\frac{\beta}{s^2(s^2+\beta^2)}=\frac{1}{s^2}\cdot\frac{\beta}{s^2+\beta^2},$$

因为

$$\mathscr{L}[t]=\frac{1}{s^2},\quad \mathscr{L}[\sin\beta t]=\frac{\beta}{s^2+\beta^2},$$

根据卷积定理,可得

$$f(t)=\mathscr{L}^{-1}[F(s)]=\mathscr{L}^{-1}\left[\frac{1}{s^2}\cdot\frac{\beta}{s^2+\beta^2}\right]=t*\sin\beta t,$$

于是

$$f(t)=t*\sin\beta t=\sin\beta t*t=\int_0^t\sin\beta\tau\cdot(t-\tau)\,\mathrm{d}\tau=\frac{t}{\beta}-\frac{1}{\beta^2}\sin\beta t.$$

解法五(查表法):

根据附表Ⅱ公式 26

$$\mathscr{L}^{-1}\left[\frac{1}{s^2(s^2+a^2)}\right]=\frac{1}{a^3}(at-\sin at),$$

取 $\alpha=\beta$,可得

$$f(t)=\mathscr{L}^{-1}\left[\frac{\beta}{s^2(s^2+\beta^2)}\right]=\beta\frac{1}{\beta^3}(\beta t-\sin\beta t)=\frac{1}{\beta}\left(t-\frac{1}{\beta}\sin\beta t\right)=\frac{t}{\beta}-\frac{1}{\beta^2}\sin\beta t.$$

第五节　拉普拉斯变换的应用

拉普拉斯变换在许多工程技术和科学研究领域中有着广泛的应用，特别是在力学系统、自动控制系统、可靠性系统、数字信号系统以及随机服务系统等学科中，都起着重要的作用. 这些系统对应的模型大多数是常微分方程、偏微分方程、积分方程或微分积分方程. 这些方程可以看成是在各种物理系统中对其过程数学建模后所得，也可以看成是纯粹的数学问题.

下面我们利用拉普拉斯变换去求解这些方程.

一、微分、积分方程的拉普拉斯变换解法

线性微分方程的拉普拉斯变换解法与傅里叶变换解法相似，大致包括以下三个基本步骤：

(1) 对关于 $y(t)$ 的微分方程(连同其初始条件在一起)取拉普拉斯变换，得到一个关于象函数 $Y(s)$ 的代数方程，常称为象方程；

(2) 解象方程，得象函数 $Y(s)$；

(3) 对 $Y(s)$ 取拉普拉斯逆变换，得微分方程的解.

1. 常系数线性微分方程的初值问题

例 2.42　求 $y''(t)+4y(t)=0$ 满足初始条件 $y(0)=-2, y'(0)=4$ 的解.

解：设 $\mathscr{L}[y(t)]=Y(s)$，方程两边取拉普拉斯变换，得

$$s^2Y(s)-sy(0)-y'(0)+4Y(s)=0,$$

考虑到初始条件，可得象方程

$$s^2Y(s)+2s-4+4Y(s)=0.$$

解象方程，得

$$Y(s)=\frac{-2s+4}{s^2+4}=\frac{-2s}{s^2+4}+\frac{4}{s^2+4},$$

取拉普拉斯逆变换，得

$$y(t)=\mathscr{L}^{-1}[Y(s)]=-2\mathscr{L}^{-1}\left[\frac{s}{s^2+4}\right]+2\mathscr{L}^{-1}\left[\frac{2}{s^2+4}\right]=-2\cos 2t+2\sin 2t.$$

例 2.43　求 $y'+y=u(t-b), b>0$ 满足初始条件 $y|_{t=0}=y_0$ 的特解.

解：象方程为

$$sY(s)-y_0+Y(s)=\frac{1}{s}e^{-bs},$$

于是

$$Y(s)=\frac{e^{-bs}}{s(s+1)}+\frac{y_0}{s+1},$$

取逆变换,得

$$y(t)=[1-\mathrm{e}^{-(t-b)}]u(t-b)+y_0\mathrm{e}^{-t}=\begin{cases}y_0\mathrm{e}^{-t}, & 0<t\leqslant b,\\ 1+(y_0-\mathrm{e}^{b})\mathrm{e}^{-t}, & t>b.\end{cases}$$

例 2.44 $y'''+3y''+3y'+y=1$ 满足初始条件 $y|_{t=0}=y'|_{t=0}=y''|_{t=0}=0$ 的特解.

解:象方程为

$$s^3Y(s)+3s^2Y(s)+3sY(s)+Y(s)=\frac{1}{s},$$

于是

$$Y(s)=\frac{1}{s(s+1)^3}=\frac{1}{s}-\frac{1}{s+1}-\frac{1}{(s+1)^2}-\frac{1}{(s+1)^3},$$

取逆变换

$$y(t)=1-\mathrm{e}^{-t}-t\mathrm{e}^{-t}-\frac{1}{2}t^2\mathrm{e}^{-t}.$$

例 2.45 如图 2.10 所示的电路中,当 $t=0$ 时,开关 K 闭合,接入信号源 $e(t)=E_0\sin\omega t$,电感起始电流等于零,求回路电流 $i(t)$.

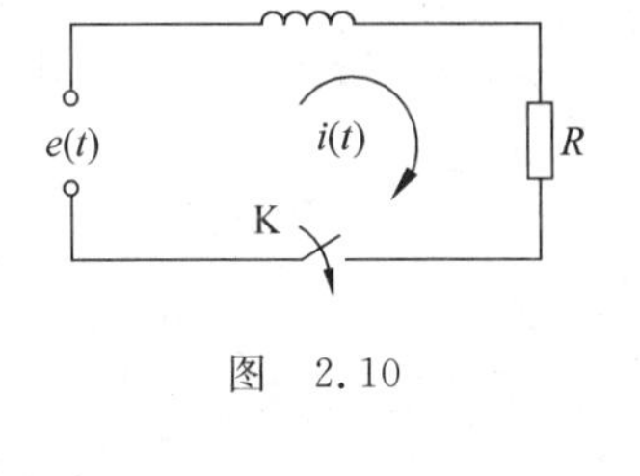

图 2.10

解:根据基尔霍夫(Kirchhoff)定律,电路中的电流满足

$$L\frac{\mathrm{d}i(t)}{\mathrm{d}t}+Ri(t)=E_0\sin\omega t,$$

且满足初始条件 $i(0)=0$.

设 $\mathscr{L}[i(t)]=I(s)$,两边取拉普拉斯变换,得象方程

$$LsI(s)+RI(s)=E_0\frac{\omega}{s^2+\omega^2}.$$

于是

$$I(s)=\frac{\omega E_0}{(Ls+R)(s^2+\omega^2)}=\frac{E_0}{L}\cdot\frac{1}{s+\frac{R}{L}}\cdot\frac{\omega}{s^2+\omega^2},$$

两边取拉普拉斯逆变换,并根据卷积定理,得

$$\begin{aligned}i(t)&=\frac{E_0}{L}(\mathrm{e}^{-\frac{R}{L}t}*\sin\omega t)=\frac{E_0}{L}\int_0^t\sin\omega\tau\cdot\mathrm{e}^{-\frac{R}{L}(t-\tau)}\mathrm{d}\tau\\&=\frac{E_0}{R^2+L^2\omega^2}(R\sin\omega t-\omega L\cos\omega t)+\frac{E_0\omega L}{R^2+L^2\omega^2}\mathrm{e}^{-\frac{R}{L}t}.\end{aligned}$$

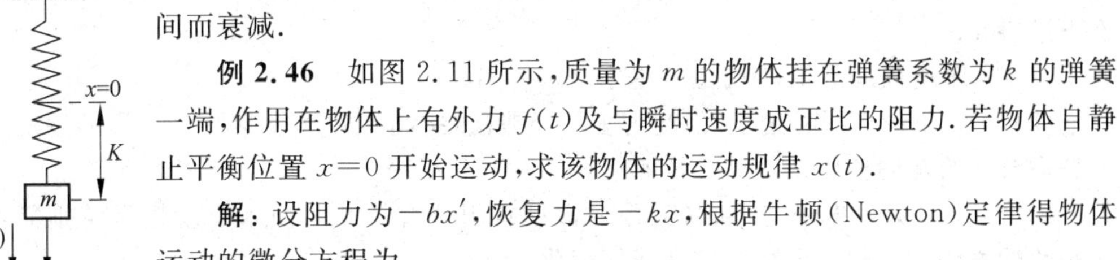

图 2.11

该结果的第一项表示一个幅度不变的稳定振荡,第二项表示振幅随时间而衰减.

例 2.46 如图 2.11 所示,质量为 m 的物体挂在弹簧系数为 k 的弹簧一端,作用在物体上有外力 $f(t)$ 及与瞬时速度成正比的阻力. 若物体自静止平衡位置 $x=0$ 开始运动,求该物体的运动规律 $x(t)$.

解:设阻力为 $-bx'$,恢复力是 $-kx$,根据牛顿(Newton)定律得物体运动的微分方程为

$$mx''+bx'+kx=f(t),$$

其中初始条件为 $x(0)=x'(0)=0$,设 $\mathscr{L}[x(t)]=X(s)$,$\mathscr{L}[f(t)]=F(s)$,

对方程两边取拉普拉斯变换,得象方程

$$(ms^2+bs+k)X(s)=F(s),$$

解得

$$X(s)=\frac{F(s)}{ms^2+bs+k}=\frac{F(s)}{m\left[\left(s+\frac{b}{2m}\right)^2+R\right]},\tag{1}$$

其中,$R=\frac{k}{m}-\frac{b^2}{4m^2}$.

(1) 当 $R>0$(即小阻尼)时,令 $R=\omega^2$,则有

$$\mathscr{L}^{-1}\left[\frac{1}{\left(s+\frac{b}{2m}\right)^2+\omega^2}\right]=\mathrm{e}^{-\frac{b}{2m}t}\cdot\frac{\sin\omega t}{\omega}.$$

由卷积定理,得

$$x(t)=\mathscr{L}^{-1}[X(s)]=\frac{1}{m}\left(\mathrm{e}^{-\frac{b}{2m}t}\cdot\frac{\sin\omega t}{\omega}\right)*f(t)=\frac{1}{m\omega}\int_0^t f(\tau)\mathrm{e}^{\frac{-b(t-\tau)}{2m}}\sin\omega(t-\tau)\mathrm{d}\tau.$$

(2) 当 $R=0$(即临界阻尼)时,则有

$$\mathscr{L}^{-1}\left[\frac{1}{\left(s+\frac{b}{2m}\right)^2}\right]=t\mathrm{e}^{-\frac{b}{2m}t}.$$

由卷积定理,得

$$x(t)=\mathscr{L}^{-1}[X(s)]=\frac{1}{m}(t\mathrm{e}^{-\frac{b}{2m}t})*f(t)=\frac{1}{m}\int_0^t f(\tau)(t-\tau)\mathrm{e}^{\frac{-b(t-\tau)}{2m}}\mathrm{d}\tau.$$

(3) 当 $R<0$ 时(即大阻尼)时,令 $R=-a^2$,则有

$$\mathscr{L}^{-1}\left[\frac{1}{\left(s+\frac{b}{2m}\right)^2-a^2}\right]=\mathrm{e}^{-\frac{b}{2m}t}\cdot\frac{\text{双曲正弦函数 }at}{a}.$$

由卷积定理,得

$$x(t)=\mathscr{L}^{-1}[X(s)]=\frac{1}{m}\left(\mathrm{e}^{-\frac{b}{2m}t}\cdot\frac{\sinh at}{a}\right)*f(t)=\frac{1}{ma}\int_0^t f(\tau)\mathrm{e}^{\frac{-b(t-\tau)}{2m}}\sinh a(t-\tau)\mathrm{d}\tau.$$

由此可见,对任意的外力 $f(t)$来说,求该物体的运动规律问题变成了仅仅计算一个积分的问题,这主要是卷积定理起了作用. 如 $f(t)$具体给出时,则可直接从式(1)解出 $x(t)$.

从以上这些例子可以看出,运用拉普拉斯变换解常系数线性微分方程的初值问题,具有下述特点.

(1) 求解过程规范化,便于在工程技术中应用.

(2) 初始条件也同时用上,因此省去了经典法(指高等数学中常微分方程的解法)中为使解适合于给定的初始条件而进行的运算.

(3) 当初始条件全部为零时(工程上常见),用拉普拉斯变换求解就显得特别简便,而用高数的方法求解却不会因此带来任何简化.

(4) 当方程中非齐次项(工程中称输入函数)因具有跳跃间断点而不可微(这在工程中也常见)时,用高数的方法求解是很困难的,而用拉普拉斯变换来求解就不会因此带来任何困难.

(5) 由于已编有现成的拉普拉斯变换表,因此在实际计算中对有些函数就可直接查表得出象函数,这就更显出用拉普拉斯变换的优点.

拉普拉斯变换也可以求解某些变系数微分方程的初值问题.

例 2.47 求微分方程 $ty''+(1-2t)y'-2y=0$ 满足初始条件 $y|_{t=0}=1, y'|_{t=0}=2$ 的解.

解: 设 $\mathscr{L}[y(t)]=Y(s)$,方程两边取拉普拉斯变换,得

$$\mathscr{L}[ty'']+\mathscr{L}[(1-2t)y']-\mathscr{L}[2y]=0,$$

即

$$-\frac{\mathrm{d}}{\mathrm{d}s}[s^2Y(s)-sy(0)-y'(0)]+sY(s)-y(0)+2\frac{\mathrm{d}}{\mathrm{d}s}[sY(s)-y(0)]-2Y(s)=0,$$

代入初始条件,化简得

$$(2-s)Y'(s)-Y(s)=0.$$

这是可分离变量的一阶微分方程,分离变量得

$$\frac{\mathrm{d}Y}{Y}=-\frac{\mathrm{d}s}{s-2},$$

积分得

$$\ln Y(s)=-\ln(s-2)+\ln C,$$

于是

$$Y(s)=\frac{C}{s-2},$$

取逆变换,得

$$y(t)=C\mathrm{e}^{2t}.$$

由 $y(0)=1$,得 $C=1$,故方程满足初始条件的解为

$$y(t)=\mathrm{e}^{2t}.$$

2. 常系数线性微分方程的边值问题

用拉普拉斯变换解线性微分方程的边值问题时,可先设想初值已给,而将边值问题当作初值问题来解. 显然,所得微分方程的解内含有未知的初值,但它可由已给的边值,通过解线性代数方程或方程组求得,从而完全确定微分方程的解.

例 2.48 求 $y''(t)-2y'(t)+y(t)=0$,满足 $y(0)=0, y(1)=2$ 的特解.

解: 象方程为

$$s^2Y(s)-sy(0)-y'(0)-2sY(s)+2y(0)+Y(s)=0,$$

解得

$$Y(s)=\frac{y'(0)}{(s-1)^2}.$$

取逆变换,可得

$$y(t)=y'(0)t\mathrm{e}^t,$$

用 $t=1$ 代入,得

$$y'(0)=2\mathrm{e}^{-1},$$

从而

$$y(t)=2t\mathrm{e}^{t-1}.$$

3. 解常系数线性微分方程组

拉普拉斯变换除可以求解常微分方程外，对于常微分方程组也同样适用.

例 2.49 求

$$\begin{cases} x'(t)+y(t)+z'(t)=1, \\ x(t)+y'(t)+z(t)=0, \\ y(t)+4z'(t)=0 \end{cases}$$

满足 $x(0)=y(0)=z(0)=0$ 的解.

解：设 $\mathscr{L}[x(t)]=X(s)$，$\mathscr{L}[y(t)]=Y(s)$，$\mathscr{L}[z(t)]=Z(s)$，对方程组两边取拉普拉斯变换，代入初始条件可得

$$\begin{cases} sX(s)+Y(s)+sZ(s)=\dfrac{1}{s}, \\ X(s)+sY(s)+Z(s)=0, \\ Y(s)+4sZ(s)=0, \end{cases}$$

解此三元一次方程组，得

$$X(s)=\frac{4s^2-1}{4s^2(s^2-1)},\quad Y(s)=-\frac{1}{s(s^2-1)},\quad Z(s)=\frac{1}{4s^2(s^2-1)}.$$

分别取拉普拉斯逆变换，可得

$$x(t)=\frac{1}{4}\mathscr{L}^{-1}\left[\frac{4s^2-1}{s^2(s^2-1)}\right]=\frac{1}{4}\mathscr{L}^{-1}\left[\frac{3}{s^2-1}+\frac{1}{s^2}\right]=\frac{1}{4}(3\operatorname{sh}t+t),$$

$$y(t)=\mathscr{L}^{-1}\left[-\frac{1}{s(s^2-1)}\right]=\mathscr{L}^{-1}\left[\frac{1}{s}-\frac{s}{s^2-1}\right]=1-\operatorname{ch}t,$$

$$z(t)=\frac{1}{4}\mathscr{L}^{-1}\left[\frac{1}{s^2(s^2-1)}\right]=\frac{1}{4}\mathscr{L}^{-1}\left[\frac{1}{s^2-1}-\frac{1}{s^2}\right]=\frac{1}{4}(\operatorname{sh}t-t).$$

4. 解积分方程、微积分方程(组)

例 2.50 解积分方程

$$f(t)=x(t)+\int_0^t f(t-\tau)y(\tau)\mathrm{d}\tau,$$

其中，$x(t)$，$y(t)$为定义在$[0,+\infty)$的已知实值函数.

解：设 $\mathscr{L}[x(t)]=X(s)$，$\mathscr{L}[y(t)]=Y(s)$，$\mathscr{L}[f(t)]=F(s)$，方程两边取拉普拉斯变换，根据卷积定理，则有

$$F(s)=X(s)+\mathscr{L}[f(t)*y(t)]=X(s)+F(s)\cdot Y(s),$$

解得

$$F(s)=\frac{X(s)}{1-Y(s)}.$$

令 $s=\beta+\mathrm{j}\omega$，两边同取拉普拉斯逆变换，可得

$$f(t)=\frac{1}{2\pi\mathrm{j}}\int_{\beta-\mathrm{j}\omega}^{\beta+\mathrm{j}\omega}\frac{X(s)}{1-Y(s)}\mathrm{e}^{st}\mathrm{d}s,\quad t>0.$$

如果给定 $x(t)$，$y(t)$的具体表达式，则可求出 $f(t)$的具体表达式.

例 2.50 是一个卷积型的积分方程，物理中通常称为更新方程，这是因为许多重要物理

量的更新均满足这一方程.

例 2.51 求微积分方程

$$y' - 4y + 4\int_0^t y\mathrm{d}t = \frac{1}{3}t^3$$

满足 $y(0)=0$ 的解.

解: 设 $\mathscr{L}[y(t)]=Y(s)$,方程两边取拉普拉斯变换,并根据象原函数的积分性质,得象方程为

$$sY(s) - 4Y(s) + \frac{4Y(s)}{s} = \frac{2}{s^4},$$

解得

$$Y(s) = \frac{2}{s^3(s-2)^2}.$$

根据海维赛德展开式,得

$$y(t) = \frac{1}{8}t^2 + \frac{1}{4}t + \frac{3}{16} - \frac{3}{16}\mathrm{e}^{2t} + \frac{1}{8}t\mathrm{e}^{2t}.$$

例 2.52 如图 2.12 所示,已知 $U=200\mathrm{V}$,$U_c=100\mathrm{V}$,$R_1=30\Omega$,$R_2=10\Omega$,$L=0.1\mathrm{H}$,$C=1000\mu\mathrm{F}$,求出在开关闭合之后电感中的电流 $i_1(t)$.

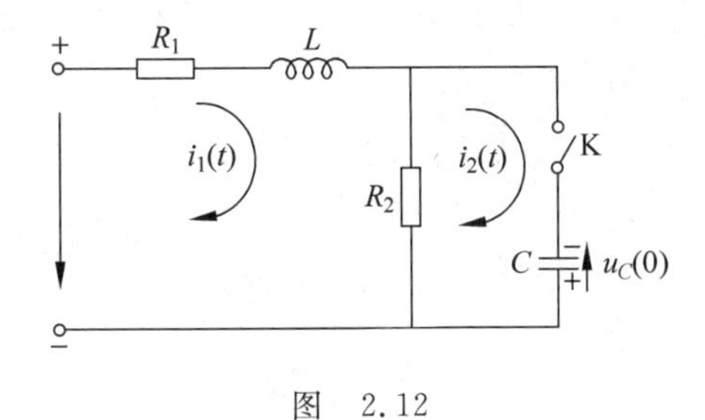

图 2.12

解: 根据基尔霍夫定律,$i_1(t)$与 $i_2(t)$所满足的微分积分方程组为

$$\begin{cases}(R_1+R_2)i_1(t) + L\dfrac{\mathrm{d}i_1(t)}{\mathrm{d}t} - R_2 i_2(t) = U, \\ -R_2 i_1(t) + R_2 i_2(t) + \dfrac{1}{C}\displaystyle\int_0^t i_2(t)\mathrm{d}t - U_c(0) = 0.\end{cases}$$

设 $\mathscr{L}[i_1(t)]=I_1(s)$,$\mathscr{L}[i_2(t)]=I_2(s)$,得象方程组

$$\begin{cases}(R_1+R_2)I_1(s) + L[sI_1(s) - i_1(0)] - R_2 I_2(s) = \dfrac{U}{s}, \\ -R_2 I_1(s) + R_2 I_2(s) + \dfrac{1}{Cs}I_2(s) - \dfrac{U_c(0)}{s} = 0.\end{cases}$$

其中,$i_1(0)=\dfrac{U}{R_1+R_2}=\dfrac{200}{40}=5(\mathrm{A})$,代入条件,得

$$\begin{cases}(40+0.1s)I_1(s) - 10I_2(s) = \dfrac{200}{s} + 0.1\times 5, \\ -10I_1(s) + \left(10 + \dfrac{1000}{s}\right)I_2(s) = \dfrac{100}{s}.\end{cases}$$

消去 $I_2(s)$，得

$$I_1(s)=\frac{5}{s}+\frac{1500}{(s+200)^2},$$

取逆变换，得

$$i_1(t)=5+1500te^{-200t}(\mathrm{A}).$$

*二、偏微分方程的拉普拉斯变换解法

拉普拉斯变换也是求解偏微分方程的一种重要方法，求解时先将定解问题中的未知函数看作某一个自变量的函数，对方程及定解条件关于该自变量取拉普拉斯变换，把偏微分方程和定解条件化为象函数的常微分方程的定解问题. 剩下的计算过程和上述常微分方程的求解过程完全一样.

例 2.53 利用拉普拉斯变换求解定解问题

$$\begin{cases}\dfrac{\partial^2 u}{\partial x\partial y}=x^2 y, \\ u|_{y=0}=x^2, & x>0, y<+\infty. \\ u|_{x=0}=3y,\end{cases}$$

解：设 $\mathscr{L}[u(x,y)]=U(x,s)$，关于 y 取拉普拉斯变换，原问题转化为含有参数 s 的一阶常系数线性微分方程的边值问题

$$\begin{cases}\dfrac{\mathrm{d}^2}{\mathrm{d}x}(sU-x^2)=\dfrac{x^2}{s^2}, \\ U|_{x=0}=\dfrac{3}{s^2}.\end{cases}$$

U 的通解为

$$U(x,s)=\frac{1}{3s^3}x^3+\frac{1}{s}x^2+c.$$

由 $U|_{x=0}=\frac{3}{s^2}$，有 $c=\frac{3}{s^2}$，所以

$$U(x,s)=\frac{x^3}{3s^3}+\frac{x^2}{s}+\frac{3}{s^2}.$$

对上式取逆变换，则原定解问题的解为

$$U(x,s)=\frac{x^3y^2}{6}+x^2+3y.$$

例 2.54 利用拉普拉斯变换求解定解问题

$$\begin{cases}\dfrac{\partial u}{\partial t}=a^2\dfrac{\partial^2 u}{\partial x^2}, \\ u|_{x=0}=0, u|_{x=l}=0, & 0<x<l, t>0. \\ u|_{t=0}=6\sin\dfrac{\pi x}{2},\end{cases}$$

解：设 $\mathscr{L}[u(x,t)]=U(x,s)$，关于 t 取拉普拉斯变换，原问题转化为含有参数 s 的二阶常系数线性微分方程的边值问题

$$\begin{cases} a^2 \dfrac{d^2 U}{dx^2} - sU = -6\sin\dfrac{\pi x}{2}, \\ U|_{x=0} = 0, \\ U|_{x=l} = 0. \end{cases}$$

U 的通解为

$$U(x,s) = c_1 e^{\frac{\sqrt{s}}{a}x} + c_2 e^{-\frac{\sqrt{s}}{a}x} + \frac{6}{s + \dfrac{a^2\pi^2}{4}}\sin\frac{\pi x}{2}.$$

由条件 $U|_{x=0}=0, U|_{x=l}=0$，有

$$c_1 = c_2 = 0,$$

所以

$$U(x,s) = \frac{6}{s + \dfrac{a^2\pi^2}{4}}\sin\frac{\pi x}{2}.$$

对上式取逆变换，则原定解问题的解为

$$u(x,t) = 6e^{-\frac{a^2\pi^2}{4}t}\sin\frac{\pi x}{2}.$$

例 2.55 对于半有界弦振动方程，利用拉普拉斯变换求解定解问题

$$\begin{cases} \dfrac{\partial^2 u}{\partial t^2} = a^2 \dfrac{\partial^2 u}{\partial x^2}, \\ u|_{t=0} = 0, \left.\dfrac{\partial u}{\partial t}\right|_{t=0} = 0, \\ u|_{x=0} = \varphi(t), \lim\limits_{x\to+\infty} u(x,t) = 0, \end{cases} \qquad x > 0, t > 0.$$

解：设 $\mathscr{L}[u(x,t)]=U(x,s)$，$\mathscr{L}[\varphi(t)]=\Phi(s)$，根据初始条件，对定解问题两边同取拉普拉斯变换，可得

$$\begin{aligned} &\mathscr{L}\left[\frac{\partial^2 u}{\partial t^2}\right] = s^2 U(x,s) - su(x,0) - \left.\frac{\partial u}{\partial t}\right|_{t=0}, \\ &\mathscr{L}\left[\frac{\partial^2 u}{\partial t^2}\right] = \int_0^{+\infty} \frac{\partial^2 u}{\partial x^2} e^{-st}\,dt = \frac{\partial^2}{\partial x^2}\int_0^{+\infty} u(x,t)e^{-st}\,dt = \frac{d^2}{dx^2}U(x,s), \\ &\mathscr{L}[u(0,t)] = U(0,s) = \Phi(s). \end{aligned}$$

由于

$$\lim_{x\to+\infty} |U(x,t)| = \lim_{x\to+\infty}\left|\int_0^{+\infty} u(x,t)e^{-st}\,dt\right| \leqslant \varepsilon\int_0^{+\infty} |e^{-st}|\,dt = \frac{\varepsilon}{\mathrm{Re}(s)} \to 0,$$

因此，求解原方程等价于求解含参数 s 的二阶常系数齐次线性常微分方程的边值问题

$$\begin{cases} \dfrac{d^2}{dx^2}U(x,s) - \dfrac{s^2}{a^2} = 0, \\ U(0,s) = \Phi(s), \\ \lim\limits_{x\to+\infty} U(x,s) = 0. \end{cases}$$

U 的通解为

$$U(x,s) = c_1 e^{-\frac{s}{a}x} + c_2 e^{\frac{s}{a}x}.$$

根据边界条件可知，$c_1=\Phi(s)$，$c_2=0$，因此

$$U(x,s)=\Phi(s)\mathrm{e}^{-\frac{s}{a}x}.$$

取拉普拉斯逆变换，并利用延迟性质，可得

$$u(x,t)=\mathscr{L}^{-1}\left[\Phi(s)\mathrm{e}^{-\frac{s}{a}x}\right]=\begin{cases}\varphi\left(t-\dfrac{x}{a}\right), & t>\dfrac{x}{a},\\ 0, & t<\dfrac{x}{a}.\end{cases}$$

*三、线性系统的传递函数

所谓系统，是指用来处理各种输入信号的装置.这种处理可以用硬件来实现，如由各种电器元件组成的电路网络、机械元件组成的运动装置等，都统称为系统.由于这些系统的规律常可以被某种数学方法来描述，如电路方程、微分方程、硬件系统的传递函数(网络函数)等，所以我们也称这些数学表达式为系统.系统可以用软件表示，因为只要把描述该系统的数学规律掌握了，对实际系统的特性也就能充分地了解了.

设一个系统在输入(也称激励)为 $f_i(t)$时的输出(也称响应)为 $y_i(t)(i=1,2)$.若输入为 $af_1(t)+bf_2(t)$时，其输出为 $ay_1(t)+by_2(t)$(a,b 为常数)，则该系统为线性系统.如果线性系统的参数(如电阻、电容器等)是不随时间而改变的，则称该系统为线性定常系统.一个线性定常系统通常可以用线性常系数微分方程来描述.例如，例 2.45 中 RL 串联电路在 $t=0$ 时接入外加信号源 $e(t)=E_0\sin\omega t$ 后，回路中的电流 $i(t)$满足的方程为

$$L\frac{\mathrm{d}i}{\mathrm{d}t}+Ri=E_0\sin\omega t$$

这是一个一阶常系数线性微分方程，通常将 $e(t)$视作为这个系统(即 RL 电路)的输入函数，而将 $i(t)$视作这个系统的输出函数，亦即响应.这样可将 RL 串联的闭合回路视作一个有输入端和输出端的线性系统.

一个系统的响应是由激励以及系统本身的特性(包括元件的参数和连接方式)所决定的.对于不同的线性系统，即使在同一激励下，其响应也是不同的.在分析线性系统时，我们并不关心系统内部的各种不同的结构情况，而是研究激励和响应同系统本身特性之间的联系，为描述这种联系，需要引进传递函数的概念.

1. 传递函数

假设有线性定常系统，它的激励 $x(t)$与响应 $y(t)$所满足的微分方程为

$$a_ny^{(n)}+a_{n-1}y^{(n-1)}+\cdots+a_1y'+a_0y=b_mx^{(m)}+b_{m-1}y^{(m-1)}+\cdots+b_1x'+b_0x. \quad (1)$$

其中，$a_n,a_{n-1},\cdots,a_1,a_0,b_m,b_{m-1},\cdots,b_1,b_0$ 均为常数；n,m 为正整数，$n\geqslant m$.

假设 $\mathscr{L}[y(t)]=Y(s)$，$\mathscr{L}[x(t)]=X(s)$，由象原函数的微分性质，有

$$\mathscr{L}[a_ky^{(k)}]=a_ks^kY(s)-a_k[s^{k-1}y(0)+s^{k-2}y'(0)+\cdots+y^{(k-1)}(0)],\quad k=0,1,2,\cdots,n.$$

$$\mathscr{L}[b_kx^{(k)}]=b_ks^kX(s)-b_k[s^{k-1}x(0)+s^{k-2}x'(0)+\cdots+x^{(k-1)}(0)],\quad k=0,1,2,\cdots,m.$$

对式(1)两边取拉普拉斯变换并加以整理，得

$$A(s)Y(s)-C(s)=B(s)X(s)-D(s),$$

从而得

$$Y(s)=\frac{B(s)}{A(s)}X(s)+\frac{C(s)-D(s)}{A(s)}.$$

其中,$A(s)=a_n s^n+a_{n-1}s^{n-1}+\cdots+a_1 s+a_0$; $B(s)=b_m s^m+b_{m-1}s^{m-1}+\cdots+b_1 s+b_0$; $C(s)=a_n y(0)s^{n-1}+[a_n y'(0)+a_{n-1}y(0)]s^{n-2}+\cdots+[a_n y^{(n-1)}(0)+\cdots+a_2 y'(0)+a_1 y(0)]$; $D(s)=b_m x(0)s^{m-1}+[b_m x'(0)+b_{m-1}x(0)]s^{m-2}+\cdots+[b_m x^{(m-1)}(0)+\cdots+b_2 x'(0)+b_1 x(0)]$.
令

$$G(s)=\frac{B(s)}{A(s)},\quad H(s)=\frac{C(s)-D(s)}{A(s)},$$

则

$$Y(s)=G(s)X(s)+H(s).$$

称 $G(s)=\frac{B(s)}{A(s)}=\frac{\sum\limits_{i=0}^{m}b_i s^i}{\sum\limits_{i=0}^{n}a_i s^i}$ 为线性系统的传递函数,它只与系统参数 a_i,b_i 有关,而与激励 $x(t)$及系统的初始状态无关,它表达了系统本身的特性. $H(s)$则由激励和系统本身的初始条件所决定,若初始条件全为零,即 $H(s)=0$ 时,有

$$Y(s)=G(s)X(s),$$

或

$$G(s)=\frac{Y(s)}{X(s)}.$$

因此,线性定常系统的传递函数又可定义为在全零初始条件下响应的拉普拉斯变换与激励的拉普拉斯变换之比. $G(s)=\frac{Y(s)}{X(s)}$告诉我们,若知道了系统的传递函数,就可以由系统的激励求出其响应的拉普拉斯变换 $Y(s)$,再通过求逆变换得到其响应 $y(t)$. 系统的输入和输出的关系如图 2.13 所示.

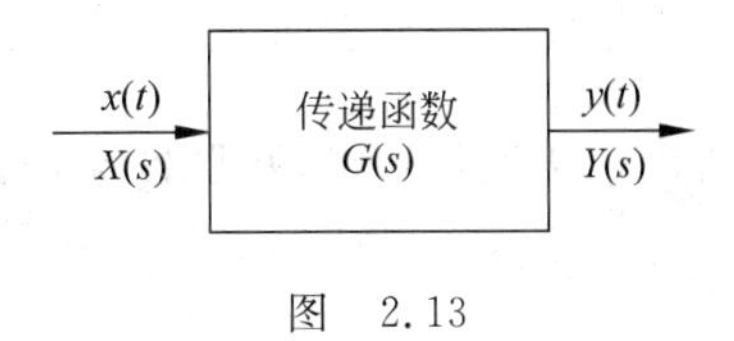

图 2.13

传递函数是从物理系统中抽象出来的一种数学表达式,它描述系统的动态行为,但并不表明系统的物理结构. 也就是说,不同的物理系统可以有相同的传递函数,这与同一个微分方程可以描述不同的物理系统是一样的. 而传递函数不相同的物理系统,即使系统的激励相同,其响应也是不相同的. 因此,对传递函数的分析研究,就能统一处理各种物理性质不同的线性系统.

2. 脉冲响应函数和频率特性函数

设某线性系统传递函数 $G(s)=\frac{Y(s)}{X(s)}$的拉普拉斯逆变换为 $g(t)$,由卷积定理得

$$y(t)=g(t)*x(t),$$

即系统的响应等于其激励函数与 $g(t)=\mathscr{L}^{-1}[G(s)]$的卷积.

由此可见,一个线性系统除用传递函数来表征外,也可以用传递函数的逆变换 $g(t)$来表征,我们称 $g(t)$为系统的脉冲响应函数.

为什么 $g(t)$为脉冲响应函数呢?

当系统的激励 $x(t)=\delta(t)$时,则在零初始条件下,有

$$X(s)=\mathscr{L}[x(t)]=\mathscr{L}[\delta(t)]=1,$$

所以

$$Y(s)=G(s),$$

从而

$$y(t)=g(t).$$

因此，脉冲响应函数就是在零初始条件下，激励为单位脉冲函数 $\delta(t)$ 的响应 $y(t)$，也就是传递函数的逆变换 $g(t)$.

在线性系统的传递函数中，令 $s=\mathrm{j}\omega$，则得

$$G(\mathrm{j}\omega)=\frac{Y(\mathrm{j}\omega)}{X(\mathrm{j}\omega)}=\frac{b_m(\mathrm{j}\omega)^m+b_{m-1}(\mathrm{j}\omega)^{m-1}+\cdots+b_1(\mathrm{j}\omega)+b_0}{a_n(\mathrm{j}\omega)^n+a_{n-1}(\mathrm{j}\omega)^{n-1}+\cdots+a_1(\mathrm{j}\omega)+a_0},$$

则称 $G(\mathrm{j}\omega)$ 为线性系统的频率特性函数，简称为**频率响应**.

系统的传递函数、脉冲响应函数和频率响应是表征线性系统的几个重要概念.

例 2.56 求如图 2.14 所示的 RL 串联电路系统的传递函数、脉冲函数和频率响应，系统的激励为 $e(t)=E_0\sin\omega t$，系统的响应为 $i(t)$.

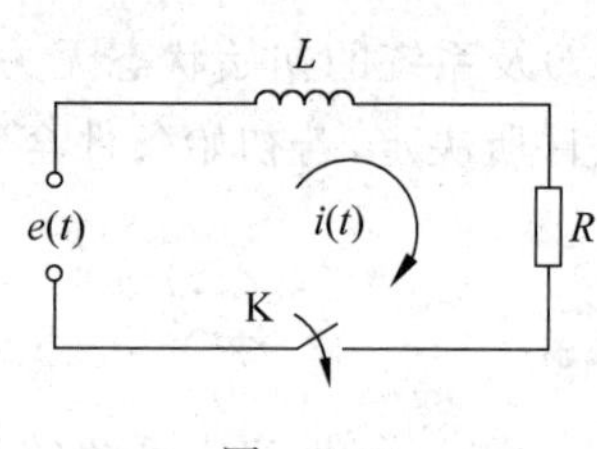

图 2.14

解：$e(t)$ 和 $i(t)$ 满足的微分方程为

$$Li'(t)+Ri(t)=e(t)=E_0\sin\omega t.$$

根据例 2.45 结果，可得

$$I(s)=\mathscr{L}[i(t)]=\frac{E_0\omega}{(Ls+R)(s^2+\omega^2)},$$

$$E(s)=\mathscr{L}[e(t)]=\frac{E_0\omega}{s^2+\omega^2}.$$

所以系统的传递函数、脉冲响应函数、频率响应分别为

$$G(s)=\frac{I(s)}{E(s)}=\frac{1}{Ls+R},$$

$$g(t)=\mathscr{L}^{-1}[G(s)]=\frac{1}{L}\mathrm{e}^{-\frac{R}{L}t},$$

$$G(\mathrm{j}\omega)=\frac{1}{L\omega\mathrm{j}+R}.$$

章末总结

本章是在傅里叶变换的基础上，进一步推广积分变换，使一些傅里叶积分不存在的函数也可以进行积分变换，这就是拉普拉斯变换.

拉普拉斯变换只考虑 $t>0$ 时的积分，因此即便象函数相同，原函数也会不一样. 为求拉普拉斯逆变换时结果唯一，必须假设被变换的信号或函数在 $t<0$ 时取值为零，这切合实际情况，所以它比傅里叶变换能处理更多的微分和积分方程.

通过 $F(s)=\int_0^{+\infty}f(t)\mathrm{e}^{-st}\mathrm{d}t$ 给出了拉普拉斯变换的定义，当函数 $f(t)$ 定义在区间 $[0,+\infty)$ 上时，我们对函数作拉普拉斯变换. 从形式上看，拉普拉斯变换就是函数引入指数

衰减函数 $e^{-\beta t}$ 和单位阶跃函数 $u(t)$ 后的傅里叶变换，从而使得满足积分收敛的函数范围更广.

拉普拉斯变换的存在定理给出了拉普拉斯变换存在的条件和区域，并进一步说明了一个实函数 $f(t)$ 的拉普拉斯变换是在某一个半平面内解析的函数，从而使得我们有可能利用解析函数来研究线性系统. 一方面，拉普拉斯变换仍然保留了傅里叶变换中的很多性质，特别是其中有些性质（如微分性质、卷积等）比傅里叶变换中相应的性质更方便、实用. 另一方面，拉普拉斯变换也具有较为明显的物理意义，其中的复频率 s 不仅能刻画函数的振荡频谱，而且还能描述振荡幅度的增长率.

当函数中包含单位脉冲函数时，其拉普拉斯变换的积分区间应延拓到 $t=0$ 的某个邻域，再从负方向趋于零的极限.

一般来说，通过反演积分公式求拉普拉斯逆变换是一种通用的方法. 但是对一些可分解为基本函数的和或积的象函数，可根据具体情况充分利用拉普拉斯变换的各种性质或通过留数定理求出它的象函数.

拉普拉斯变换在线性系统的分析与研究中有着重要的作用. 本书主要用来求解某些微分、积分方程，某些偏微分方程（其未知函数为二元函数的情形）的定解问题和建立线性系统的传递函数. 重点需要掌握求解微分、积分方程，对所给的方程两边进行拉普拉斯变换，然后根据拉普拉斯变换的微分性质或积分性质，得出有关象函数的代数方程，从而求出未知的象函数，最后通过求其拉普拉斯逆变换的方法得出所给方程的解.

拉普拉斯变换习题

1. 用定义直接计算下列函数的拉普拉斯变换：

(1) $f(t)=\cos kt$；

(2) $f(t)=\mathrm{sh}kt$；

(3) $f(t)=t^2$；

(4) $f(t)=e^{-2t}$；

(5) $f(t)=\begin{cases} t, & 0\leqslant t<1, \\ -4, & 1\leqslant t<3, \\ 0, & t\geqslant 3. \end{cases}$

2. 利用拉普拉斯变换的性质及常用函数的拉普拉斯变换，求下列函数的拉普拉斯变换：

(1) $f(t)=\sin^2\beta t$；

(2) $f(t)=u(t-1)-u(t-2)$；

(3) $f(t)=3\sqrt[3]{t}+4e^{2t}$；

(4) $f(t)=\sin^3 t$；

(5) $f(t)=e^{-t}-3\delta(t)$；

(6) $f(t)=\cos\alpha t\cos\beta t$；

(7) $f(t)=\frac{e^{3t}}{\sqrt{t}}$;

(8) $f(t)=u(1-e^{-t})$.

3. 设 $f(t)$是以 2π 为周期的函数,且在一个周期内的表达式为

$$f(t)=\begin{cases}\sin t, & 0<t\leqslant\pi,\\ 0, & \pi<t<2\pi,\end{cases}$$

求 $\mathscr{L}[f(t)]$.

4. 求函数 $f(t)=|\cos t|$的拉普拉斯变换.

5. $\mathscr{L}[f(t)]=F(s)$, 证明:

$$\mathscr{L}[f(at-b)u(at-b)]=\frac{1}{a}F\left(\frac{s}{a}\right)e^{-\frac{b}{a}s},\quad a>0,b>0.$$

并根据此性质求

$$\mathscr{L}[\sin(\omega t+\phi)u(\omega t+\phi)],\quad \omega>0,\phi<0.$$

6. 求下列函数的拉普拉斯变换,并指出其中哪些函数可以借助延迟性质求出其拉普拉斯变换:

(1) $f(t)=\sin(t-2)$;

(2) $f(t)=\sin(t-2)u(t-2)$;

(3) $f(t)=\sin t u(t-2)$;

(4) $f(t)=e^{2t}u(t-2)$;

(5) $f(t)=e^{-(t-2)}$;

(6) $f(t)=e^{(t-2)}[u(t-2)-u(t-3)]$.

7. 利用延迟性质,求下列函数的拉普拉斯逆变换:

(1) $\frac{e^{-5s+1}}{s}$;

(2) $\frac{s^2+s+2}{s^3}e^{-s}$;

(3) $\frac{e^{-2s}}{s^2-4}$;

(4) $\frac{2e^{-s}-e^{-2s}}{s}$.

8. 求下列函数的拉普拉斯逆变换:

(1) $\frac{1}{s^2+a^2}$;

(2) $\frac{s}{(s-a)(s-b)}$;

(3) $\frac{s+c}{(s+a)(s+b)^2}$;

(4) $\frac{s^2+2a^2}{(s+a)^2}$;

(5) $\frac{1}{(s^2+a^2)s^3}$;

(6) $\dfrac{1}{s(s+a)(s+b)}$.

9. 求下列函数的拉普拉斯逆变换：

(1) $\dfrac{1}{(s^2+4)^2}$;

(2) $\dfrac{1}{s^4+5s^2+4}$;

(3) $\dfrac{s+1}{9s^2+6s+5}$;

(4) $\ln\dfrac{s^2-1}{s^2}$;

(5) $\dfrac{s+2}{(s^2+4s+5)^2}$;

(6) $\dfrac{s^2+4s+4}{(s^2+4s+13)^2}$;

(7) $\dfrac{2s^2+s+5}{s^3+6s^2+11s+6}$.

10. 求下列函数的拉普拉斯逆变换的初值与终值：

(1) $\dfrac{s+6}{(s+2)(s+5)}$;

(2) $\dfrac{10(s+2)}{s(s+5)}$;

(3) $\dfrac{1}{(s+3)^2}$;

(4) $\dfrac{1}{s}+\dfrac{1}{s+1}$.

11. 计算下列积分：

(1) $\displaystyle\int_0^{+\infty}\frac{e^{-t}-e^{-2t}}{t}dt$;

(2) $\displaystyle\int_0^{+\infty}\frac{1-\cos t}{t}e^{-t}dt$;

(3) $\displaystyle\int_0^{+\infty}\frac{e^{-at}\cos bt-e^{-mt}\cos nt}{t}dt$;

(4) $\displaystyle\int_0^{+\infty}e^{-3t}\cos 2t\,dt$;

(5) $\displaystyle\int_0^{+\infty}te^{-2t}dt$;

(6) $\displaystyle\int_0^{+\infty}te^{-3t}\sin 2t\,dt$;

(7) $\displaystyle\int_0^{+\infty}\frac{e^{-\sqrt{2}t}\,\mathrm{sh}t\sin t}{t}dt$;

(8) $\displaystyle\int_0^{+\infty}\frac{e^{-t}\sin^2 t}{t}dt$;

(9) $\int_0^{+\infty} t^3 e^{-t} \sin t dt$;

(10) $\int_0^{+\infty} \frac{1-\cos t}{t^2} dt$.

12. 设 $f_1(t)$, $f_2(t)$ 均满足拉普拉斯变换存在定理的条件(设它们的增长指数为 c),且 $\mathscr{L}[f_1(t)]=F_1(s)$, $\mathscr{L}[f_2(t)]=F_2(s)$,证明乘积 $f_1(t)\cdot f_2(t)$ 的拉普拉斯变换一定存在,且

$$\mathscr{L}[f_1(t)\cdot f_2(t)] = \frac{1}{2\pi j}\int_{\beta-j\omega}^{\beta+j\omega} F_1(q)F_2(s-q)dq,$$

其中,$\beta > c$, $\mathrm{Re}(s) > \beta + c$.

13. 利用卷积定理,证明

$$\mathscr{L}^{-1}\left[\frac{s}{(s^2-a^2)^2}\right] = \frac{t}{2a}\sin at.$$

14. 利用卷积定理,证明

$$\mathscr{L}^{-1}\left[\frac{1}{\sqrt{s}(s-1)}\right] = \frac{2}{\sqrt{\pi}}\int_0^{\sqrt{t}} e^{-\tau^2} d\tau.$$

并求 $\mathscr{L}^{-1}\left[\frac{1}{s\sqrt{s+1}}\right]$.

15. 若 $f(t)$ 满足拉普拉斯变换存在定理中的条件,证明

$$\int_0^t \int_0^v f(u) du dv = \int_0^t (t-u) f(u) du.$$

16. 证明卷积满足分配律和结合律,即

(1) $f_1(t) * [f_2(t) + f_3(t)] = f_1(t) * f_2(t) + f_1(t) * f_3(t)$;

(2) $f_1(t) * [f_2(t) * f_3(t)] = [f_1(t) * f_2(t)] * f_3(t)$.

17. 求下列卷积:

(1) $1 * 1$;

(2) $t * e^t$;

(3) $\sin t * \cos t$;

(4) $t * \mathrm{sh} t$;

(5) $u(t-a) * f(t)$, $a \geqslant 0$;

(6) $\delta(t-a) * f(t)$, $a \geqslant 0$.

18. 利用卷积定理,求下列函数的拉普拉斯逆变换:

(1) $\frac{a}{s(s^2+a^2)}$;

(2) $\frac{s}{(s-a)^2(s-b)}$;

(3) $\frac{1}{s(s-1)(s-2)}$;

(4) $\frac{s^2}{(s^2+a^2)^2}$;

(5) $\dfrac{1}{(s^2+a^2)^3}$;

(6) $\dfrac{1}{s^2(s+1)^2}$.

19. 求下列微分方程的解：

(1) $y''+ky=0, y(0)=A, y'(0)=B$;

(2) $y''+4y'+3y=e^{-t}, y(0)=y'(0)=1$;

(3) $y''+k^2y=a[u(t)-u(t-b)], y(0)=y'(0)=0$;

(4) $y''-y=4\sin t+5\cos 2t, y(0)=-1, y'(0)=-2$;

(5) $y^{(4)}+2y'''-2y'-y=\delta(t), y(0)=y'(0)=y''(0)=y'''(0)=0$;

(6) $y^{(4)}+2y''+y=\sin(t), y(0)=1, y'(0)=-2, y''(0)=3, y'''(0)=0$;

(7) $y''+4y'+5y=f(t), y(0)=c_1, y'(0)=c_2$;

(8) $y'''+y'=e^{2t}+\delta(t)+\delta(t-1), y(0)=y'(0)=y''(0)=0$;

(9) $y''+4y'+5y=\delta(t)+\delta'(t), y(0)=0, y'(0)=2$;

(10) $y^{(4)}+y'''=3\delta(t)+u(t-1)+\cos t, y(0)=y'(0)=y'''(0)=0, y''(0)=c$.

20. 求下列变系数微分方程的解：

(1) $ty''+y'+4ty=0, y(0)=3, y'(0)=0$;

(2) $ty''+2(t-1)y'+(t-2)y=0, y(0)=2$;

(3) $ty''+(t-1)y'-y=0, y(0)=5, y'(+\infty)=0$;

(4) $ty''+(1-n)y'+y=0, y(0)=y'(0)=0, n\geqslant 0$.

21. 求下列积分方程的解：

(1) $y(t)+\int_0^t y(\tau)d\tau = e^{-t}$;

(2) $y(t)+\int_0^t e^{2(t-\tau)}y(\tau)d\tau = 1-2\sin t$;

(3) $y(t) = a\sin bt + c\int_0^t \sin b(t-\tau)y(\tau)d\tau, 0<c<b$;

(4) $y(t) = at - a^2\int_0^t (t-\tau)y(\tau)d\tau$;

(5) $\int_0^t y(\tau)y(t-\tau)d\tau = t^2e^{-t}$.

22. 求下列微分、积分方程组的解：

(1) $\begin{cases} x'+y'=1, \\ x'-y'=t, \end{cases} \quad x(0)=a, y(0)=b$;

(2) $\begin{cases} 2x-y-y'=4(1-e^{-t}), \\ 2x'+y=2(1+3e^{-2t}), \end{cases} \quad x(0)=y(0)=0$;

(3) $\begin{cases} (2x''-x'+9x)-(y''+y'+3y)=0, & x(0)=x'(0)=1, \\ (2x''+x'+7x)-(y''-y'+5y)=0, & y(0)=y'(0)=0; \end{cases}$

(4) $\begin{cases} x''-x+y+z=0, & x(0)=1,y(0)=z(0)=0, \\ x+y''-y+z=0, \\ x+y+z''-z=0, & x'(0)=y'(0)=z'(0)=0; \end{cases}$

(5) $\begin{cases} y''+2y+\int_0^t z(\tau)\mathrm{d}\tau = t, \\ y''+2y'+z=\sin 2t, \end{cases} \quad y(0)=1,y'(0)=-1;$

(6) $\begin{cases} x''+2x'+\int_0^t y(\tau)\mathrm{d}\tau = 0, \\ 4x''-x'+y=\mathrm{e}^{-t}, \end{cases} \quad x(0)=0,x'(0)=-1.$

23. 求下列线性偏微分方程的定解问题的解:

(1) $\begin{cases} \dfrac{\partial^2 u}{\partial t^2}=a^2\dfrac{\partial^2 u}{\partial x^2}+g, & g\text{ 为常数},x>0,t>0, \\ u|_{t=0}=0,\dfrac{\partial u}{\partial t}\Big|_{t=0}=0, \\ u|_{x=0}=0; \end{cases}$

(2) $\begin{cases} \dfrac{\partial u}{\partial t}=a^2\dfrac{\partial^2 u}{\partial x^2}-hu, & h\text{ 为常数},x>0,t>0, \\ u|_{x=0}=u_0\text{(常数)}, \\ u|_{t=0}=0; \end{cases}$

(3) $\begin{cases} \dfrac{\partial^2 u}{\partial x\partial y}=x^2 y, & 0<x,y<+\infty, \\ u|_{y=0}=x^2, \\ u|_{x=0}=3y; \end{cases}$

(4) $\begin{cases} \dfrac{\partial u}{\partial y}=\dfrac{\partial^2 u}{\partial x^2}+a^2u+\varphi(x), & x>0,y>0, \\ u|_{x=0}=0,\dfrac{\partial u}{\partial x}\Big|_{x=0}=0, \\ \lim\limits_{y\to+\infty}u(x,y)<+\infty. \end{cases}$

24. 设在原点处质量为 m 的一质点,$t=0$ 时在 x 方向上受到冲击力 $k\delta(t)$ 的作用,其中 k 为常数,假定质点的初速度为零,求其运动规律.

25. 如图 2.15 所示,设质量为 2 的质点 P 在 x 轴上移动,它受到一个朝向原点的力,其大小为 $8x$. 若 P 原先静止于 $x=10$ 处,求出其后任意时刻 P 的位置. 假设:

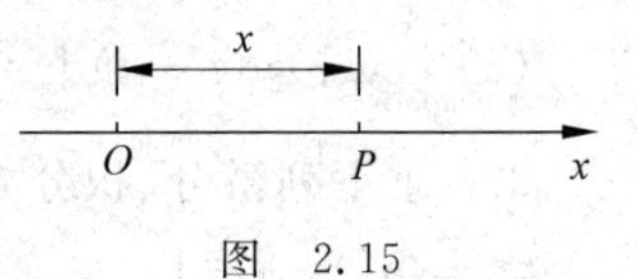

图 2.15

(1) 无其他外力;

(2) 存在一阻力,其大小为 P 的瞬时速度的 8 倍.

26. 设有如图 2.16 所示的电路,在 $t=0$ 时接入直流电源 E,求电路中的电流 $i(t)$.

27. 考察一个由电阻 R、电容 C 和电感 L 组成的系统,如图 2.17 所示. 假定系统的输入(激励)为电动势 $e(t)$,输出(响应)为电容器两端的电压 $v(t)$. 试证:当 R、C、L 为常数时,该系统是线性定常的,并求出它的传递函数 $G(s)$.

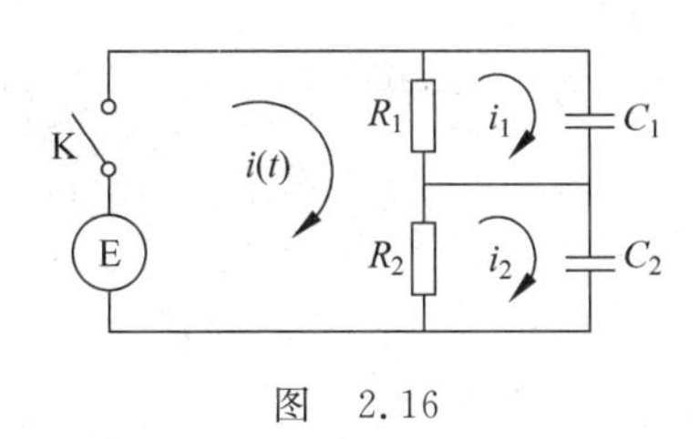

图 2.16

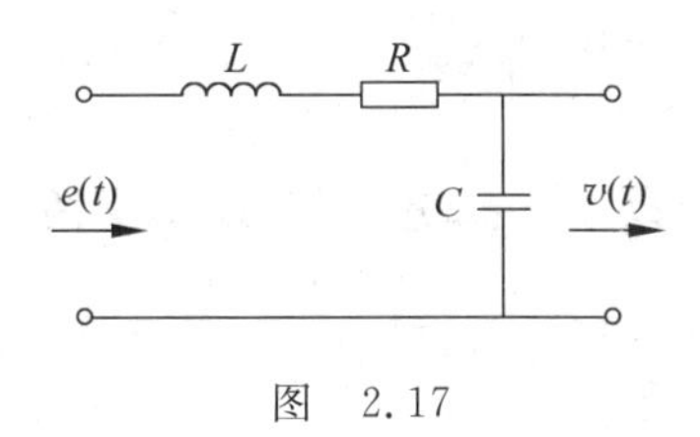

图 2.17

28. 某系统的传递函数为$G(s)=G\dfrac{k}{1+Bs}$,求当系统受到(输入)信号 $x(t)=A\sin\omega t$ 的激励时的系统响应 $y(t)$.

拉普拉斯变换测试题

一、单项选择题

1. 设 $f(t)=\mathrm{e}^{-t}u(t-1)$,则 $\mathscr{L}[f(t)]=($　　$)$.

A. $\dfrac{\mathrm{e}^{-(s-1)}}{s-1}$　　B. $\dfrac{\mathrm{e}^{-(s+1)}}{s+1}$　　C. $\dfrac{\mathrm{e}^{-s}}{s-1}$　　D. $\dfrac{\mathrm{e}^{-s}}{s+1}$

2. 设 $f(t)=\delta(2-t)$,则 $\mathscr{L}[f(t)]=($　　$)$.

A. 1　　B. e^{2s}　　C. e^{-2s}　　D. 不存在

3. 若 $\mathscr{L}[f(t)]=F(s)$,则下列等式正确的是(　　).

A. $\mathscr{L}[f'(t)]=sF(s)$　　B. $\mathscr{L}[f'(t)]=\dfrac{1}{s}F(s)$

C. $\mathscr{L}[f'(t)]=sF(s)-f(0)$　　D. $\mathscr{L}[f'(t)]=\dfrac{1}{s}F(s)-F(0)$

4. 设 $\mathscr{L}[f(t)]=F(s)$,则 $\mathscr{L}\left[\int_0^t(t-2)\mathrm{e}^{2t}f(t)\mathrm{d}t\right]=($　　$)$.

A. $-\dfrac{1}{s}[F'(s-2)+2F(s-2)]$　　B. $-\dfrac{1}{s}[F'(s+2)+2F(s+2)]$

C. $\dfrac{1}{s}[F'(s-2)-2F(s-2)]$　　D. $\dfrac{1}{s}[F'(s+2)-2F(s+2)]$

5. 设 a,k,m 均为正常数,则下列变换中,正确的是(　　).

A. $\mathscr{L}[\mathrm{e}^{-at}\cos kt]=\dfrac{s-a}{(s-a)^2+k^2}$　　B. $\mathscr{L}[\mathrm{e}^{-at}\delta(t)]=1$

C. $\mathscr{L}[t^m\mathrm{e}^{at}]=\dfrac{\Gamma(m)}{(s+a)^m}$　　D. $\mathscr{L}[u(kt-m)]=\dfrac{1}{s}\mathrm{e}^{-\frac{k}{m}}$

6. 设 $f(t)=\dfrac{2\mathrm{sh}t}{t}$,则 $\mathscr{L}[f(t)]=($　　$)$.

A. $\ln\dfrac{s-1}{s+1}$　　B. $\ln\dfrac{s+1}{s-1}$　　C. $2\ln\dfrac{s-1}{s+1}$　　D. $2\ln\dfrac{s+1}{s-1}$

7. 设 $f(t)=\sin\left(t-\dfrac{\pi}{3}\right)$,则 $\mathscr{L}[f(t)]=($　　$)$.

A. $\dfrac{1-\sqrt{3}s}{2(s^2+1)}$　　B. $\dfrac{s-\sqrt{3}}{2(s^2+1)}$　　C. $\dfrac{1}{s^2+1}e^{-\frac{\pi}{3}s}$　　D. $\dfrac{s}{s^2+1}e^{-\frac{\pi}{3}s}$

8. 函数$\dfrac{s^2}{s^2+1}$的拉普拉斯逆变换为(　　).

A. $\delta(t)+\cos t$　　B. $\delta(t)-\cos t$　　C. $\delta(t)+\sin t$　　D. $\delta(t)-\sin t$

二、填空题

1. $\mathscr{L}[\delta(t)]=$ ________.

2. 若 $\mathscr{L}[f(t)]=F(s)$,a 为正实数,则 $\mathscr{L}[f(at)]=$ ________.

3. $\int_0^{+\infty}\dfrac{f(t)}{t}dt=\int_0^{+\infty}$ ________ ds.

4. $\mathscr{L}[tf(t)]=$ ________.

5. 拉普拉斯反演积分为________.

三、求下列函数的拉普拉斯变换

1. $\delta(t)\cos t-u(t)\sin t$.

2. $|\sin t|$.

3. $e^{-2t}\cos t+t\int_0^t e^{-3t}\sin 2t dt$.

4. $te^{-at}\cos bt \operatorname{sh} ct$.

5. $t^2u(t-2)$.

四、求下列函数的拉普拉斯逆变换

1. $\dfrac{2s+5}{s^2+4s+13}$.

2. $\dfrac{e^{-5s}}{s^2-9}$.

3. $\dfrac{s^2+2}{s(s+1)(s+2)}$.

五、求微分方程 $y''+4y'+3y=e^{-t}$，在满足初始条件 $y(0)=y'(0)=1$ 时的特解.

参考文献

[1] 张元林.积分变换[M].4版.北京：高等教育出版社,2011.
[2] 冯卫国.积分变换[M].2版.上海：上海交通大学出版社,2009.
[3] 杜洪艳,尤正书,侯秀梅.复变函数与积分变换[M].武汉：华中师范大学出版社,2012.
[4] 盖云英,包革军.复变函数与积分变换[M].2版.北京：科学出版社,2007.
[5] 王志勇.复变函数与积分变换[M].武汉：华中科技大学出版社,2014.
[6] 马柏林,李丹衡,晏华辉.复变函数与积分变换[M].上海：复旦大学出版社,2011.
[7] 杨绛龙,杨帆.复变函数与积分变换[M].北京：科学出版社,2012.
[8] 熊辉.工科积分变换及其应用[M].北京：中国人民大学出版社,2011.
[9] 杨战民.复变函数与积分变换——题型.方法[M].西安：西安电子科技大学出版社,2003.
[10] 刘红爱,咸亚丽,等.复变函数与积分变换[M].镇江：江苏大学出版社,2015.
[11] 李建林.复变函数.积分变换辅导讲案[M].西安：西北工业大学出版社,2007.
[12] 南京工业学院数学教研组.积分变换[M].北京：高等教育出版社,2004.
[13] 包革军,邢宇明.复变函数与积分变换同步训练[M].哈尔滨：哈尔滨工业大学出版社,2015.
[14] 周凤玲,刘力华,张余.复变函数与积分变换学习指导书[M].北京：化学工业出版社,2016.
[15] 李昌兴,史克岗.积分变换[M].西安：西北工业大学出版社,2011.
[16] 成立社,李梦如.复变函数与积分变换[M].北京：科学出版社,2011.
[17] 王丽霞.复变函数与积分变换[M].镇江：江苏大学出版社,2012.
[18] 罗文强,黄精华,等.复变函数与积分变换[M].北京：科学出版社,2012.
[19] 宋苏罗.复变函数与积分变换[M].北京：科学出版社,2013.
[20] 刘子瑞,徐忠昌.复变函数与积分变换[M].北京：科学出版社,2011.

附录 I　傅里叶变换简表

序号	$f(t)$		$F(\omega)$	
	函　数	图　像	频　谱	图　像
1	矩形单脉冲 $f(t)=\begin{cases}E, & \lvert t\rvert\leqslant\frac{\tau}{2},\\ 0, & \lvert t\rvert>\frac{\tau}{2}\end{cases}$		$2E\frac{\sin\frac{\omega\tau}{2}}{\omega}$	
2	指数衰减函数 $f(t)=\begin{cases}0, & t<0,\\ e^{-\beta t}, & t\geqslant 0,\beta>0\end{cases}$		$\frac{1}{\beta+j\omega}$	

续表

序号	$f(t)$		$F(\omega)$	
	函　　数	图　　像	频　　谱	图　　像
3	三角形脉冲 $f(t)=\begin{cases}\dfrac{2A}{\tau}\left(\dfrac{\tau}{2}+t\right), & -\dfrac{\tau}{2}\leqslant t<0,\\ \dfrac{2A}{\tau}\left(\dfrac{\tau}{2}-t\right), & 0\leqslant t<\dfrac{\tau}{2}\end{cases}$	$f(t)$, A, $-\frac{\tau}{2}$, O, $\frac{\tau}{2}$, t	$\dfrac{4A}{\tau\omega^2}\left(1-\cos\dfrac{\omega\tau}{2}\right)$	$F(\omega)$, $\frac{\tau A}{2}$, O, $\frac{4\pi}{\tau}$, ω
4	钟形脉冲 $f(t)=A\mathrm{e}^{-\beta t^2},\beta>0$	$f(t)$, A, O, t	$\sqrt{\dfrac{\pi}{\beta}}A\mathrm{e}^{-\frac{\omega^2}{4\beta}}$	$F(\omega)$, $A\sqrt{\frac{\pi}{\beta}}$, O, ω
5	傅里叶核 $f(t)=\dfrac{\sin\omega_0 t}{\pi t}$	$\frac{\omega_0}{\pi}$, $f(t)$, O, $\frac{\pi}{\omega_0}$, t	$F(\omega)=\begin{cases}1, & \lvert\omega\rvert\leqslant\omega_0,\\ 0, & \lvert\omega\rvert>\omega_0\end{cases}$	$F(\omega)$, 1, $-\omega_0$, O, ω_0, ω
6	高斯分布函数 $f(t)=\dfrac{1}{\sqrt{2\pi}\sigma}\mathrm{e}^{-\frac{t^2}{2\sigma^2}}$	$f(t)$, $\frac{1}{\sqrt{2\pi}\sigma}$, O, t	$\mathrm{e}^{-\frac{\sigma^2\omega^2}{2}}$	$\lvert F(\omega)\rvert$, 1, O, ω

续表

序号	$f(t)$		$F(\omega)$	
	函数	图像	频谱	图像
7	矩形射频脉冲 $f(t)=\begin{cases} E\cos\omega_0 t, & \lvert t\rvert \leqslant \frac{\tau}{2}, \\ 0, & \lvert t\rvert > \frac{\tau}{2} \end{cases}$	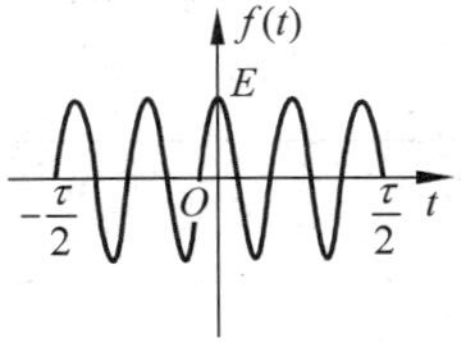 $f(t)$ E $-\frac{\tau}{2}$ O $\frac{\tau}{2}$ t	$\frac{E\tau}{2}\left[\frac{\sin(\omega-\omega_0)\frac{\tau}{2}}{(\omega-\omega_0)\frac{\tau}{2}}+\frac{\sin(\omega+\omega_0)\frac{\tau}{2}}{(\omega+\omega_0)\frac{\tau}{2}}\right]$	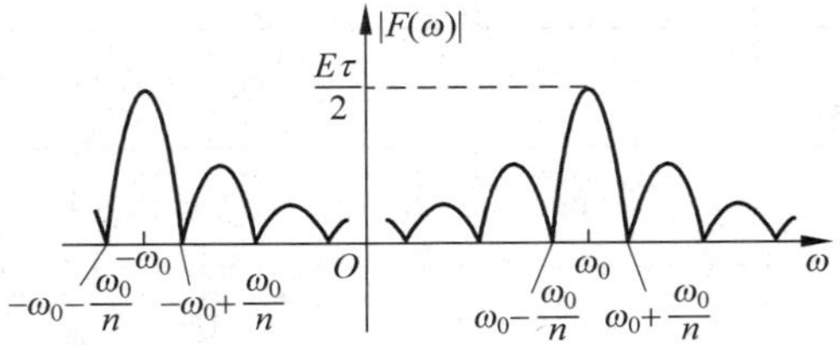 $\lvert F(\omega)\rvert$ $\frac{E\tau}{2}$ $-\omega_0$ $-\omega_0-\frac{\omega_0}{n}$ $-\omega_0+\frac{\omega_0}{n}$ O ω_0 $\omega_0-\frac{\omega_0}{n}$ $\omega_0+\frac{\omega_0}{n}$ ω
8	单位脉冲函数 $f(t)=\delta(t)$	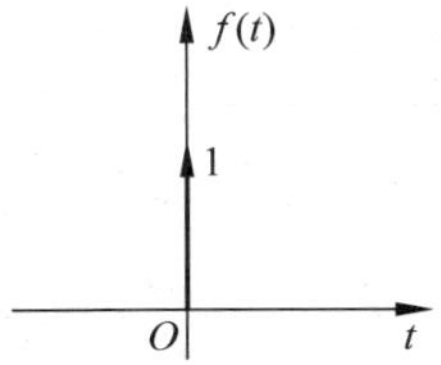 $f(t)$ 1 O t	1	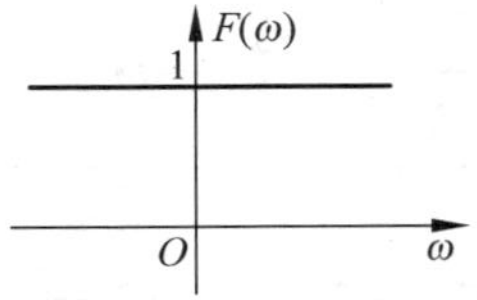 $F(\omega)$ 1 O ω
9	周期性脉冲函数 $f(t)=\sum_{n=-\infty}^{+\infty}\delta(t-nT)$ （T 为脉冲函数的周期）	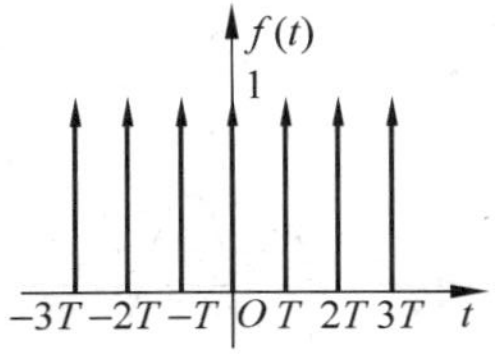 $f(t)$ 1 $-3T$ $-2T$ $-T$ O T $2T$ $3T$ t	$\frac{2\pi}{T}\sum_{n=-\infty}^{+\infty}\delta\left(\omega-\frac{2n\pi}{T}\right)$	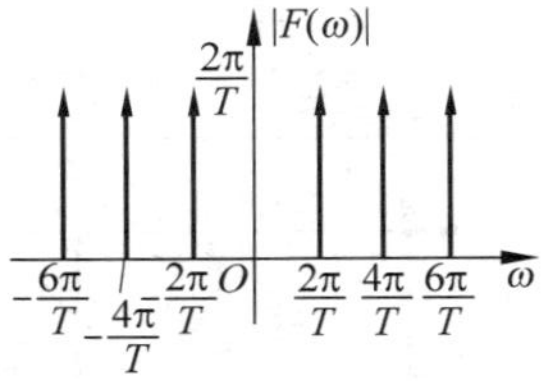 $\lvert F(\omega)\rvert$ $\frac{2\pi}{T}$ $-\frac{6\pi}{T}$ $-\frac{4\pi}{T}$ $-\frac{2\pi}{T}$ O $\frac{2\pi}{T}$ $\frac{4\pi}{T}$ $\frac{6\pi}{T}$ ω
10	$f(t)=\cos\omega_0 t$	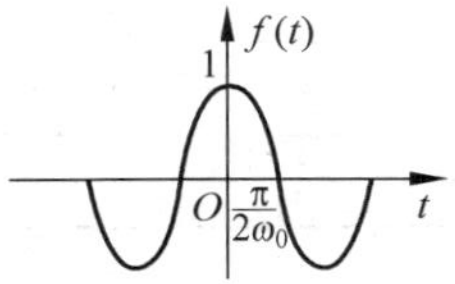 $f(t)$ 1 O $\frac{\pi}{2\omega_0}$ t	$\pi[\delta(\omega+\omega_0)+\delta(\omega-\omega_0)]$	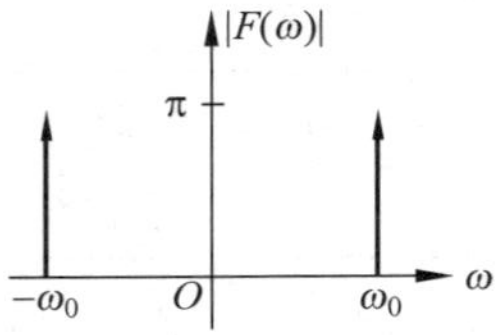 $\lvert F(\omega)\rvert$ π $-\omega_0$ O ω_0 ω

续表

序号	$f(t)$		$F(\omega)$	
	函　数	图　像	频　谱	图　像
11	$f(t)=\sin\omega_0 t$		$\pi j[\delta(\omega+\omega_0)-\delta(\omega-\omega_0)]$	
12	单位阶跃函数 $f(t)=u(t)$		$\frac{1}{j\omega}+\pi\delta(\omega)$	

序号	$f(t)$	$F(\omega)$
13	$u(t-c)$	$\frac{1}{j\omega}e^{-j\omega c}+\pi\delta(\omega)$
14	$u(t)\cdot t$	$-\frac{1}{\omega^2}+\pi j\delta'(\omega)$
15	$u(t)\cdot t^n$	$\frac{n!}{(j\omega)^{n+1}}+\pi j^n\delta^{(n)}(\omega)$
16	$u(t)\sin at$	$\frac{a}{a^2-\omega^2}+\frac{\pi}{2j}[\delta(\omega-\omega_0)-\delta(\omega+\omega_0)]$
17	$u(t)\cos at$	$\frac{j\omega}{a^2-\omega^2}+\frac{\pi}{2}[\delta(\omega-\omega_0)+\delta(\omega+\omega_0)]$
18	$u(t)e^{jat}$	$\frac{1}{j(\omega-a)}+\pi\delta(\omega-a)$

续表

序号	$f(t)$	$F(\omega)$
19	$u(t-c)\mathrm{e}^{\mathrm{j}at}$	$\dfrac{1}{\mathrm{j}(\omega-a)}\mathrm{e}^{-\mathrm{j}(\omega-a)c}+\pi\delta(\omega-a)$
20	$u(t)\mathrm{e}^{\mathrm{j}at}t^{n}$	$\dfrac{n!}{[\mathrm{j}(\omega-a)]^{n+1}}+\pi\mathrm{j}^{n}\delta^{(n)}(\omega-a)$
21	$\mathrm{e}^{a\|t\|}$, $\mathrm{Re}(a)<0$	$\dfrac{-2a}{\omega^{2}+a^{2}}$
22	$\delta(t-c)$	$\mathrm{e}^{-\mathrm{j}\omega c}$
23	$\delta'(t)$	$\mathrm{j}\omega$
24	$\delta^{(n)}(t)$	$(\mathrm{j}\omega)^{n}$
25	$\delta^{(n)}(t-c)$	$(\mathrm{j}\omega)^{n}\mathrm{e}^{-\mathrm{j}\omega c}$
26	1	$2\pi\delta(\omega)$
27	t	$2\pi\mathrm{j}\delta'(\omega)$
28	t^{n}	$2\pi\mathrm{j}^{n}\delta^{(n)}(\omega)$
29	$\mathrm{e}^{\mathrm{j}at}$	$2\pi\delta(\omega-a)$
30	$t^{n}\mathrm{e}^{\mathrm{j}at}$	$2\pi\mathrm{j}^{n}\delta^{(n)}(\omega-a)$
31	$\dfrac{1}{a^{2}+t^{2}}$, $\mathrm{Re}(a)<0$	$-\dfrac{\pi}{a}\mathrm{e}^{a\|\omega\|}$
32	$\dfrac{t}{(a^{2}+t^{2})^{2}}$, $\mathrm{Re}(a)<0$	$\dfrac{\mathrm{j}\omega\pi}{2a}\mathrm{e}^{a\|\omega\|}$
33	$\dfrac{\mathrm{e}^{\mathrm{j}bt}}{a^{2}+t^{2}}$, $\mathrm{Re}(a)<0$, b 为实数	$-\dfrac{\pi}{a}\mathrm{e}^{a\|\omega-b\|}$

续表

序号	$f(t)$	$F(\omega)$
34	$\frac{\cos bt}{a^2+t^2}$,$\mathrm{Re}(a)<0$,b 为实数	$-\frac{\pi}{2a}[\mathrm{e}^{a\lvert\omega-b\rvert}+\mathrm{e}^{a\lvert\omega+b\rvert}]$
35	$\frac{\sin bt}{a^2+t^2}$,$\mathrm{Re}(a)<0$,b 为实数	$-\frac{\pi}{2a\mathrm{j}}[\mathrm{e}^{a\lvert\omega-b\rvert}-\mathrm{e}^{a\lvert\omega+b\rvert}]$
36	$\frac{\mathrm{sh}at}{\mathrm{sh}\pi t},-\pi<a<\pi$	$\frac{\sin a}{\mathrm{ch}\omega+\cos a}$
37	$\frac{\mathrm{sh}at}{\mathrm{ch}\pi t},-\pi<a<\pi$	$-2\mathrm{j}\frac{\sin\frac{a}{2}\mathrm{sh}\frac{\omega}{2}}{\mathrm{ch}\omega+\cos a}$
38	$\frac{\mathrm{ch}at}{\mathrm{ch}\pi t},-\pi<a<\pi$	$2\frac{\cos\frac{a}{2}\mathrm{ch}\frac{\omega}{2}}{\mathrm{ch}\omega+\cos a}$
39	$\frac{1}{\mathrm{ch}at}$	$\frac{\pi}{a}\frac{1}{\mathrm{ch}\frac{\pi\omega}{2a}}$
40	$\sin at^2$	$\sqrt{\frac{\pi}{a}}\cos\left(\frac{\omega^2}{4a}+\frac{\pi}{4}\right)$
41	$\cos at^2$	$\sqrt{\frac{\pi}{a}}\cos\left(\frac{\omega^2}{4a}-\frac{\pi}{4}\right)$
42	$\frac{1}{t}\sin at$	$\begin{cases}\pi, & \lvert\omega\rvert\leqslant a,\\ 0, & \lvert\omega\rvert>a\end{cases}$
43	$\frac{1}{t^2}\sin^2 at$	$\begin{cases}\pi\left(a-\frac{\lvert\omega\rvert}{2}\right), & \lvert\omega\rvert\leqslant 2a,\\ 0, & \lvert\omega\rvert>2a\end{cases}$

续表

序号	$f(t)$	$F(\omega)$
44	$\frac{\sin at}{\sqrt{\lvert t\rvert}}$	$\mathrm{j}\sqrt{\frac{\pi}{2}}\left(\frac{1}{\sqrt{\lvert\omega+a\rvert}}-\frac{1}{\sqrt{\lvert\omega-a\rvert}}\right)$
45	$\frac{\cos at}{\sqrt{\lvert t\rvert}}$	$\sqrt{\frac{\pi}{2}}\left(\frac{1}{\sqrt{\lvert\omega+a\rvert}}+\frac{1}{\sqrt{\lvert\omega-a\rvert}}\right)$
46	$\frac{1}{\sqrt{\lvert t\rvert}}$	$\sqrt{\frac{2\pi}{\lvert\omega\rvert}}$
47	$\mathrm{sgn}t$	$\frac{2}{\mathrm{j}\omega}$
48	$\mathrm{e}^{-at^2}, \mathrm{Re}(a)>0$	$\sqrt{\frac{\pi}{2}}\mathrm{e}^{-\frac{\omega^2}{4a}}$
49	$\lvert t\rvert$	$-\frac{2}{\omega^2}$
50	$\frac{1}{\lvert t\rvert}$	$\frac{\sqrt{2\pi}}{\lvert\omega\rvert}$

附录Ⅱ　拉普拉斯变换简表

序号	$f(t)$	$F(s)$
1	1	$\frac{1}{s}$
2	e^{at}	$\frac{1}{s-a}$
3	$t^m, m>-1$	$\frac{\Gamma(m+1)}{s^{m+1}}$
4	$t^m e^{at}, m>-1$	$\frac{\Gamma(m+1)}{(s-a)^{m+1}}$
5	$\sin at$	$\frac{a}{s^2+a^2}$
6	$\cos at$	$\frac{s}{s^2+a^2}$
7	$\mathrm{sh}\, at$	$\frac{a}{s^2-a^2}$
8	$\mathrm{ch}\, at$	$\frac{s}{s^2-a^2}$
9	$t\sin at$	$\frac{2as}{(s^2+a^2)^2}$
10	$t\cos at$	$\frac{s^2-a^2}{(s^2+a^2)^2}$
11	$t\,\mathrm{sh}\, at$	$\frac{2as}{(s^2-a^2)^2}$
12	$t\,\mathrm{ch}\, at$	$\frac{s^2+a^2}{(s^2-a^2)^2}$
13	$t^m \sin at, m>-1$	$\frac{\Gamma(m+1)}{2\mathrm{j}(s^2+a^2)^{m+1}} \cdot [(s+\mathrm{j}a)^{m+1}-(s-\mathrm{j}a)^{m+1}]$
14	$t^m \cos at, m>-1$	$\frac{\Gamma(m+1)}{2(s^2+a^2)^{m+1}} \cdot [(s+\mathrm{j}a)^{m+1}+(s-\mathrm{j}a)^{m+1}]$
15	$e^{-bt}\sin at$	$\frac{a}{(s+b)^2+a^2}$
16	$e^{-bt}\cos at$	$\frac{s+b}{(s+b)^2+a^2}$
17	$e^{-bt}\sin(at+c)$	$\frac{(s+b)\sin c+a\cos c}{(s+b)^2+a^2}$

续表

序号	$f(t)$	$F(s)$
18	$\sin^2 t$	$\frac{1}{2}\left(\frac{1}{s}-\frac{s}{s^2+4}\right)$
19	$\cos^2 t$	$\frac{1}{2}\left(\frac{1}{s}+\frac{s}{s^2+4}\right)$
20	$\sin at\sin bt$	$\frac{2abs}{[s^2+(a+b)^2][s^2+(a-b)^2]}$
21	$e^{at}-e^{bt}$	$\frac{a-b}{(s-a)(s-b)}$
22	$ae^{at}-be^{bt}$	$\frac{(a-b)s}{(s-a)(s-b)}$
23	$\frac{1}{a}\sin at-\frac{1}{b}\sin bt$	$\frac{b^2-a^2}{(s^2+a^2)(s^2+b^2)}$
24	$\cos at-\cos bt$	$\frac{(b^2-a^2)s}{(s^2+a^2)(s^2+b^2)}$
25	$\frac{1}{a^2}(1-\cos at)$	$\frac{1}{s(s^2+a^2)}$
26	$\frac{1}{a^3}(at-\sin at)$	$\frac{1}{s^2(s^2+a^2)}$
27	$\frac{1}{a^4}(\cos at-1)+\frac{1}{2a^2}t^2$	$\frac{1}{s^3(s^2+a^2)}$
28	$\frac{1}{a^4}(\mathrm{ch}\,at-1)-\frac{1}{2a^2}t^2$	$\frac{1}{s^3(s^2-a^2)}$
29	$\frac{1}{2a^3}(\sin at-at\cos at)$	$\frac{1}{(s^2+a^2)^2}$
30	$\frac{1}{2a}(\sin at+at\cos at)$	$\frac{s^2}{(s^2+a^2)^2}$
31	$\frac{1}{a^4}(1-\cos at)-\frac{1}{2a^3}t\sin at$	$\frac{1}{s(s^2+a^2)^2}$
32	$(1-at)e^{-at}$	$\frac{s}{(s+a)^2}$
33	$t\left(1-\frac{a}{2}t\right)e^{-at}$	$\frac{s}{(s+a)^3}$
34	$\frac{1}{a}(1-e^{-at})$	$\frac{1}{s(s+a)}$
35①	$\frac{1}{ab}+\frac{1}{b-a}\left(\frac{e^{-bt}}{b}-\frac{e^{-at}}{a}\right)$	$\frac{1}{s(s+a)(s+b)}$
36①	$\frac{e^{-at}}{(b-a)(c-a)}+\frac{e^{-bt}}{(a-b)(c-b)}+\frac{e^{-ct}}{(a-c)(b-c)}$	$\frac{1}{(s+a)(s+b)(s+c)}$
37①	$\frac{ae^{-at}}{(c-a)(a-b)}+\frac{be^{-bt}}{(a-b)(b-c)}+\frac{ce^{-ct}}{(b-c)(c-a)}$	$\frac{s}{(s+a)(s+b)(s+c)}$

续表

序号	$f(t)$	$F(s)$
38[①]	$\frac{a^2 e^{-at}}{(c-a)(b-a)}+\frac{b^2 e^{-bt}}{(a-b)(c-b)}+\frac{c^2 e^{-ct}}{(b-c)(a-c)}$	$\frac{s^2}{(s+a)(s+b)(s+c)}$
39[①]	$\frac{e^{-at}-e^{-bt}[1-(a-b)t]}{(a-b)^2}$	$\frac{1}{(s+a)(s+b)^2}$
40[①]	$\frac{[a-b(a-b)t]e^{-bt}-ae^{-at}}{(a-b)^2}$	$\frac{s}{(s+a)(s+b)^2}$
41	$e^{-at}-e^{\frac{at}{2}}\left(\cos\frac{\sqrt{3}at}{2}-\sqrt{3}\sin\frac{\sqrt{3}at}{2}\right)$	$\frac{3a^2}{s^3+a^3}$
42	$\sin at\,\mathrm{ch}\,at-\cos at\,\mathrm{sh}\,at$	$\frac{4a^3}{s^4+4a^4}$
43	$\frac{1}{2a^2}\sin at\,\mathrm{sh}\,at$	$\frac{s}{s^4+4a^4}$
44	$\frac{1}{2a^3}(\mathrm{sh}\,at-\sin at)$	$\frac{1}{s^4-a^4}$
45	$\frac{1}{2a^2}(\mathrm{ch}\,at-\cos at)$	$\frac{s}{s^4-a^4}$
46	$\frac{1}{\sqrt{\pi t}}$	$\frac{1}{\sqrt{s}}$
47	$2\sqrt{\frac{t}{\pi}}$	$\frac{1}{s\sqrt{s}}$
48	$\frac{1}{\sqrt{\pi t}}e^{at}(1+2at)$	$\frac{s}{(s-a)\sqrt{s-a}}$
49	$\frac{1}{2\sqrt{\pi t^3}}(e^{bt}-e^{at})$	$\sqrt{s-a}-\sqrt{s-b}$
50	$\frac{1}{\sqrt{\pi t}}\cos 2\sqrt{at}$	$\frac{1}{\sqrt{s}}e^{-\frac{a}{s}}$
51	$\frac{1}{\sqrt{\pi t}}\mathrm{ch}\,2\sqrt{at}$	$\frac{1}{\sqrt{s}}e^{\frac{a}{s}}$
52	$\frac{1}{\sqrt{\pi t}}\sin 2\sqrt{at}$	$\frac{1}{s\sqrt{s}}e^{-\frac{a}{s}}$
53	$\frac{1}{\sqrt{\pi t}}\mathrm{sh}\,2\sqrt{at}$	$\frac{1}{s\sqrt{s}}e^{\frac{a}{s}}$
54	$\frac{1}{t}(e^{bt}-e^{at})$	$\ln\frac{s-a}{s-b}$
55	$\frac{2}{t}\mathrm{sh}\,at$	$\ln\frac{s+a}{s-a}=2\,\mathrm{arth}\,\frac{a}{s}$
56	$\frac{2}{t}(1-\cos at)$	$\ln\frac{s^2+a^2}{s^2}$
57	$\frac{2}{t}(1-\mathrm{ch}\,at)$	$\ln\frac{s^2-a^2}{s^2}$

续表

序号	$f(t)$	$F(s)$
58	$\frac{1}{t}\sin at$	$\arctan\frac{a}{s}$
59	$\frac{1}{t}(\mathrm{ch}at-\cos bt)$	$\ln\sqrt{\frac{s^2+b^2}{s^2-a^2}}$
60[2]	$\frac{1}{\pi t}\sin(2a\sqrt{t})$	$\mathrm{erf}\left(\frac{a}{\sqrt{s}}\right)$
61[2]	$\frac{1}{\sqrt{\pi t}}\mathrm{e}^{-2a\sqrt{t}}$	$\frac{1}{\sqrt{s}}\mathrm{e}^{\frac{a^2}{s}}\mathrm{erfc}\left(\frac{a}{\sqrt{s}}\right)$
62[2]	$\mathrm{erfc}\left(\frac{a}{2\sqrt{t}}\right)$	$\frac{1}{s}\mathrm{e}^{-a\sqrt{s}}$
63[2]	$\mathrm{erf}\left(\frac{t}{2a}\right)$	$\frac{1}{s}\mathrm{e}^{a^2s^2}\mathrm{erfc}(as)$
64[2]	$\frac{1}{\sqrt{\pi t}}\mathrm{e}^{-2\sqrt{at}}$	$\frac{1}{\sqrt{s}}\mathrm{e}^{\frac{a}{s}}\mathrm{erfc}\left(\sqrt{\frac{a}{s}}\right)$
65[2]	$\frac{1}{\sqrt{\pi(t+a)}}$	$\frac{1}{\sqrt{s}}\mathrm{e}^{as}\mathrm{erfc}(\sqrt{as})$
66[2]	$\frac{1}{\sqrt{a}}\mathrm{erf}(\sqrt{at})$	$\frac{1}{s\sqrt{s+a}}$
67[2]	$\frac{1}{\sqrt{a}}\mathrm{e}^{at}\mathrm{erf}(\sqrt{at})$	$\frac{1}{\sqrt{s}(s-a)}$
68	$u(t)$	$\frac{1}{s}$
69	$tu(t)$	$\frac{1}{s^2}$
70	$t^m u(t), m>-1$	$\frac{1}{s^{m+1}}\Gamma(m+1)$
71	$\delta(t)$	1
72	$\delta^{(n)}(t)$	s^n
73	$\mathrm{sgn}t$	$\frac{1}{s}$
74[3]	$J_0(at)$	$\frac{1}{\sqrt{s^2+a^2}}$
75[3]	$I_0(at)$	$\frac{1}{\sqrt{s^2-a^2}}$
76[3]	$J_0(2\sqrt{at})$	$\frac{1}{s}\mathrm{e}^{-\frac{a}{s}}$
77[3]	$\mathrm{e}^{-bt}I_0(at)$	$\frac{1}{\sqrt{(s+b)^2-a^2}}$
78[3]	$tJ_0(at)$	$\frac{s}{(s^2+a^2)^{\frac{3}{2}}}$
79[3]	$tI_0(at)$	$\frac{s}{(s^2-a^2)^{\frac{3}{2}}}$

续表

序号	$f(t)$	$F(s)$
80③	$J_0(a\sqrt{t(t+2b)})$	$\frac{1}{\sqrt{s^2+a^2}}e^{b(s-\sqrt{s^2+a^2})}$
81③	$\frac{1}{at}J_1(at)$	$\frac{1}{s+\sqrt{s^2+a^2}}$
82③	$J_1(at)$	$\frac{1}{a}\left(1-\frac{s}{\sqrt{s^2+a^2}}\right)$
83③	$J_n(t)$	$\frac{1}{\sqrt{s^2+1}}(\sqrt{s^2+1}-s)^n$
84③	$t^{\frac{n}{2}}J_n(2\sqrt{t})$	$\frac{1}{s^{n+1}}e^{-\frac{1}{s}}$
85③	$\frac{1}{t}J_n(at)$	$\frac{1}{na^n}(\sqrt{s^2+a^2}-s)^n$
86③	$\int_t^{\infty}\frac{J_0(t)}{t}dt$	$\frac{1}{s}\ln(s+\sqrt{s^2+1})$
87④	$\mathrm{si}t$	$\frac{1}{s}\mathrm{arccot}s$
88⑤	$\mathrm{ci}t$	$\frac{1}{s}\ln\frac{1}{\sqrt{s^2+1}}$

注：① 式中 a,b,c 为不相等的常数.

② $\mathrm{erf}(x)=\frac{2}{\sqrt{\pi}}\int_0^x e^{-t^2}dt$，称为误差函数.

$\mathrm{erfc}(x)=1-\mathrm{erf}(x)=\frac{2}{\sqrt{\pi}}\int_x^{+\infty}e^{-t^2}dt$，称为余误差函数.

③ $J_n(x)=\sum_{k=0}^{\infty}\frac{(-1)^k}{k!\Gamma(n+k+1)}\left(\frac{x}{2}\right)^{n+2k}$，$I_n(x)=j^{-n}J_n(jx)$，$J_n$ 称为第一类 n 阶贝塞尔(Bessel)函数. I_n 称为第一类 n 阶变形的贝塞尔函数，或称为虚宗量的贝塞尔函数.

④ $\mathrm{si}t=\int_0^t\frac{\sin t}{t}dt$ 称为正弦积分.

⑤ $\mathrm{ci}t=\int_{-\infty}^t\frac{\cos t}{t}dt$ 称为余弦积分.